KB077420

아이의 두뇌는 부부의 대화 속에서 자란다

conjugal conversation to make a child intelligent

KASHIKOI KO WO SODATERU FUFU NO KAIWA
ⓒ HIKARI AMANO / TOSHIYUKI SHIOMI 2019
Illustrated by UKI MURAYAMA(polka)

Originally published in Japan in 2019 by ASA PUBLISHING CO.,LTD., TOKYO,
Korean translation rights arranged with ASA PUBLISHING CO.,LTD., TOKYO,
through TOHAN CORPORATION, TOKYO, and EntersKorea Co., Ltd., SEOUL.

아이의 두뇌를 살리는 대화, 망치는 대화

아이의 두뇌는
부부의 대화 속에서
자란다

아마노 히카리 지음 | 김현영 옮김

센시오

아이는
엄마가 웃든 화를 내든
최선을 다하고 있음을 알고 있습니다.

아이는
아빠가 말이 없어도
늘 가족을 생각하고 있음을 알고 있습니다.

아이는 날마다
엄마와 아빠를
지켜보고 있습니다.

당신은 어릴 적에
힘들어하시는 부모님을 보면서
아무것도 도울 수 없어
안타까웠던 적 없나요?

아이는
부모가 생각하는 것 이상으로
부모를 기쁘게 하려고
날마다 애쓰고 있습니다.

이런 아이를 위해서라도
가장 가까운 배우자와의
대화를 소중히 여겨
진심으로 웃는
부모가 되어주세요.

그리고 아이와 함께
행복을 음미해보세요.
이것이 아이를
현명하고 행복한 사람으로
키우는 지름길입니다.

부부대화법이 바뀌어야
아이의 미래가 달라진다

여러분은 평소에 배우자와 대화를 많이 하시나요?

"대화다운 대화를 거의 하지 않는다."

"바빠서 대화할 시간이 없다."

아마도 이런 부부가 많지 않을까요?

저는 지금까지 5만 명이 넘는 부부와 자녀들을 대상으로, 대화의 중요성에 대해 이야기해왔습니다. 최근에는 '부모와 자식간의 대화 문제' 못지않게 '부부간의 대화 문제'로 상담을 요청하는 분들이 많아졌습니다. 그분들과 여러 이야기를 나누다가 한 가지 중요한 사실을 깨달았습니다. 자녀에 대한 고민으로 보이는 문제도 실은 그 바탕에 부부간 의사전달 문제가 숨어 있다는 것이지요. 상담하며 제가 아내나 남편, 혹은 아이의 마음을 대변해 말하면, 모두 매우 놀랍다는 반응을 보입니다. 아마도 자기 생각에만 빠져 다른 가족의 마음은 헤아리지 못한 탓이겠지요.

가족에 대한 불만이 가득한 상담자들의 이야기를 들어보면, 그 이면에는 이제 바뀌고 싶다거나 좀 더 성숙한 사람이 되고 싶다는 바람이 있었습니다. 다만 그 방법을 모를 뿐이지요.

'말로 훈육하는 육아' 대신 '스스로 생각하고 행동하게 하는 육아'

'부부 사이에 대화는 부족하지만, 아이와는 말을 많이 하니까 괜찮겠지?'

혹시 이런 생각을 하고 있나요? 물론 아이는 부모와의 수직적인 관계에서도 많은 것을 배웁니다. 하지만 아이는 엄마 아빠가 대화를 나누는 모습, 대화를 하며 사용하는 말을 들으며 더 많은 것을 배웁니다. 부모에게 직접 듣는 말보다, 부모가 나누는 말이나 부모가 다른 누군가와 나누는 말이 더 크게 와 닿기 때문입니다. 그리고 부부 사이에 대화가 아예 없는 경우에도 아이는 이를 금방 알아채고 영향을 받습니다.

뒤에서 자세히 설명하겠지만, 부부는 서로 나누는 대화를 통해 미래를 살아갈 아이에게 가장 중요한 다섯 가지 능력을 길러줄 수 있습니다. 다가올 미래에는 인공지능이 발달하여 부모 세대에서는 당연했던 일들이 더는 당연하지 않게 될 겁니다. 이제는 '말로 타이르고 훈육하는' 육아가 아니라, 부모가 부부의 대화를 들려줌으로써 '스스로 생각하고 행동하게 하는' 육아를 해야 합니다. 저는 이 책에서 제 경험을 토대로 부부가 자신의 의사를 쉽게 전달하고, 아이의 능력을 길러주려면 어떻게 해야 하는지, 그 요령을 소개하고자 합니다.

가족간 고민을 발견으로 바꾸게 해줄 대화의 요령

저는 아나운서로서 '말하고, 듣고, 전달하는' 방법을 매우 철저하게 배웠습니다. 누군가와 대화를 나눌 때도 지금 이 모습이 제삼자의 눈에 어떻게 비춰질지 항상 생각해왔지요. 그리고 NHK의 〈무럭무럭 육아〉라는 육아 프로그램을 진행하면서 뇌, 심리, 언어, 수면, 치아, 시각, 청각, 후각, 미각, 촉각 등이 어떻게 발달하는지, 그 발달과정을 전문가에게 체계적으로 배웠습니다. 더불어 아이의 시점에서 문제를 바라보는 것이 매우 중요하다는 사실도 알게 되었지요. 현재는 말이 사람을 만든다는 사실을 널리 알리고자, '부모와 자식의 의사전달 연구실'이라는 비영리단체를 설립하여 운영하고 있습니다.

저 역시 딸을 둔 엄마입니다. 처음 아이를 낳고는 제가 건네는 말이나 우리 부부의 대화가 아이에게 영향을 끼친다는 생각에 두려움이 컸습니다. 그런데 부모가 사용하는 말이나 부모가 나누는 대화를 아이가 어떻게 받아들이며 성장하는지를 알게 되자 육아가 재밌어졌습니다.

"왜 남편은 가족에게 무관심할까?"

"왜 아내는 짜증을 내며 가족을 달달 볶을까?"

"도대체 이 아이는 무슨 생각을 할까?"

이 책은 이런 고민을 발견으로 바꾸어줄 겁니다.

부부가 서로에 대한 생각을 바꾸면 아이도 달라집니다. 부부는 더 많은 것을 알게 될 테고, 더 많은 기쁨을 누리게 될 겁니다. 가족은 아이가 처음으로 만나는 '작은 사회'입니다. 그렇기에 '부부의 대화'는 아이의 성장에 지대한 영향을 끼칩니다. 대화의 요령을 터득하여 한 발 앞선 육아를 즐기시기 바랍니다.

감수자의 말

가정에서 일어나는 모든 상황을
총망라한 부부대화법 입문서

아이를 키우는 데 부모의 말이 얼마나 큰 역할을 하는지, 이처럼 자세하고 알기 쉽게 설명한 책이 또 있을까요? 언어의 중요성에 관한 일반론도 있습니다만, 이 책은 단순한 일반론이 아닙니다. 흔히 말하는 일반론을 우리가 평소 나누는 대화에 적용하면 이렇게 된다고 구체적인 예를 들어 설명하고 있습니다.

　게다가 이 예들은 가정에서 일어나는 거의 모든 상황을

총망라했다고 할 수 있을 정도로 우리 부모들의 실생활을 반영했습니다. 아마도 저자가 자신의 경험을 토대로 글을 썼기 때문일 겁니다.

이 책은 말과 마음을 함께 논하면서, 처음부터 끝까지 가족이 어떻게 하면 서로 소통할 수 있는지를 이야기하고 있습니다. 그런 의미에서 보면, 이 책은 대화법의 입문서라고도 할 수 있습니다.

차례

1장 부부의 대화가 길러주는 아이의 5가지 능력

3장 부부갈등을 해결하는 부부대화법 12가지

<table>
<tr><td>4
장</td><td>'완벽한 부모'보다
'서로 보완하는 부모'가
아이를 똑똑하게 만든다</td></tr>
</table>

부부의 대화가
길러주는
아이의 5가지 능력

conjugal conversation to make a child intelligent

아이는 어른의 대화에
귀를 기울인다

좋은 말은 간접적으로,
안 좋은 말은 직접적으로

'남편과는(또는 아내와는) 제대로 대화하지 못하지만, 아이는 많이 사랑해주고, 말도 조심하니까 괜찮겠지?'

혹시 이런 생각을 하고 있진 않나요? 하지만 아이는 부부가 무심코 나누는 평소 대화에 아주 관심이 많고, 영향도 많이 받습니다. 부부의 대화가 원만하지 못하면 그 사실도 매우 빠르게 알아채지요.

우리는 눈앞에 있는 상대에게 직접 들은 말보다, 누군가가 나에 대해 간접적으로 한 말에 더 큰 영향을 받고, 더 오래 가슴에 담아둡니다. 누군가가 나에게 직접 하는 말에는 다른 의도나 다정한 거짓말(겉치레, 빈말 등)이 섞이지만, 나에 대한 간접적인 말에는 말하는 사람의 진심이 담겨 있다고 믿기 때문이지요.

아이가 어떤 일을 도와주었을 때, 여러분은 어떤 말을 해주나요?

"도와줘서 고마워. 네가 없었으면 많이 곤란할 뻔했어." 이렇게 말해주나요?

아이가 심부름을 해주거나 어떤 일을 도와주면 직접 고맙다고 인사해야 합니다. 그 이후에 엄마와 아빠가 이런 대화를 나누었다고 가정해봅시다.

"오늘 ○○가 많이 도와줬어. 어찌나 고맙고 기쁘던지…"

"그래? 벌써 엄마를 도와줄 만큼 크다니, 왠지 든든한 걸?"

아이 입장에서는 고맙다는 말을 직접 듣는 것보다 이처럼 간접적으로 듣는 편이 훨씬 더 기쁩니다. 어쩌면 계속 엄마를 도와야겠다고 마음먹을지도 모르지요.

부모의 경우로 바꾸어서 생각하면 이해하기 쉽습니다. "자네의 기획안이 아주 좋았어." 상사에게 이런 칭찬을 직접 듣는 것과, "부장님께서 자네 기획안이 아주 좋았다고 칭찬하시던데?"라고 간접적으로 듣는 것 중, 어느 쪽이 더 기분이 좋을까요? 후자가 훨씬 더 의욕을 샘솟게 합니다.

아이의 성장에 큰 영향을 끼치는 간접 전달

칭찬뿐만 아니라, 안 좋은 말도 간접적으로 들으면 충격이 큽니다.

"자네 이번 기획안은 이 부분이 좋지 않아."

상사에게 이런 말을 직접 들으면 다음에는 주의해야겠다는 생각이 듭니다.

"○○씨가 낸 이번 기획안 말이야, 부장님이 별로라고 하셨대."

이렇게 자신의 일을 제삼자에게 들으면 주의해야겠다는 생각은커녕, 한참동안 언짢습니다. 아이도 그렇습니다. 옳지 않은 행동을 한 아이에게, "그건 옳지 않은 행동이야. 네가 그런 행동을 해서 엄마는 많이 놀라고 마음이 아팠어. 앞으로는 그러지 않았으면 좋겠어"라고 직접 이야기를 하면 아이는 자신의 행동을 돌아봅니다. 야단맞은 것 자체에는 큰 충격을 받지도 않습니다.

반면 엄마와 아빠가, "오늘 글쎄 ○○가 이런 짓을 했지

뭐야? 어찌나 속이 상하던지…", "뭐라고? 그런 행동을 하다
니, 그건 그냥 놔둬서는 안 되지" 하고 이야기하는 소리를 들
은 아이는 과연 어떤 기분이 들까요? 자신의 행동을 반성하기
보다, 부모가 자신을 싫어하면 어쩌나, 나는 왜 이 모양일까,
하며 불안할 겁니다.

　잘 모르는 남이 하는 말은 그냥 흘려들을 수 있습니다. 하
지만 아이에게 부모의 대화는 절대로 흘려들을 수 없
는 중요한 말입니다. 말이 사람을 키웁니다. '부부의 대
화'나 제삼자를 통한 간접적인 전달에는 아이를 성장하게 하
는 매우 큰 힘이 숨어 있습니다.

AI시대가 요구하는
미래형 두뇌

일상대화로 길러주는
우리 아이의 5가지 필수 능력

'부모와 자식간의 대화'와는 별개로 '부부간
의 대화'에 신경을 쓰면 아이에게 다섯 가지
능력을 길러줄 수 있습니다. 앞으로 다가올
4차산업혁명 시대를 살아갈 아이에게는 이
능력들이 매우 중요합니다. 하나씩 살펴보
겠습니다.

❶ 의사전달 능력

부모가 길러줄 수 있는 첫 번째 능력은 '의사전달 능력'입니다. 이는 아이가 자신의 재능이나 실력을 발휘하는 데 빼놓을 수 없는 중요한 능력입니다. 남을 배려하는 마음도, 누군가를 사랑하는 마음도, 스포츠나 예술 분야에서의 재능도 모두 의사전달 능력을 갖추어야 크게 꽃피울 수 있습니다.

예전에 한 예술가에게서 이런 이야기를 들었습니다. 이 예술가는 자신이 완성한 훌륭한 작품을 고객에게 보여주었는데, 아무런 반응을 보이지 않아 적잖이 당황했다고 합니다. 그래서 자신이 작품을 만든 의도와 작품의 특징을 열심히 설명했더니, 그제야 작품을 알아보고 비싼 값에 구입했다고 합니다. 아무리 훌륭한 작품이라고 해도 이렇게 상대방을 이해시킬 의사전달 능력이 없으면 인정받지 못합니다.

그럼 어떻게 해야 의사전달 능력을 키울 수 있을까요? 이 능력은 아이에게 억지로 시킨다고 몸에 배는 것도 아니고, 아이가 혼자서 배울 수 있는 것도 아닙니다. 이 능력은 대개 가정에서 오가는 일상대화에서 길러집니다. 아이는 어떻게 표현해야 자신의 생각을 제대로 전달할 수 있는지, 가족의 대화를 들으며 날마다 조금씩 배웁니다. 부모가 의사전달 능력이 뛰어나면, 아이도 짧은 시간 안에 많은 것을 배울 수 있겠지요. 하지만 안타깝게도 많은 부모가 아이와 제대로 소통하고 있지 못합니다. 대개는 일방적인 대화를 나누고 있습니다. 대표적인 예가 이 두 가지 유형입니다.

① 지시형 말들 : "일어나!", "정리해!"
② 금지형 말들 : "꾸물거리지 마!", "소리 지르지 마!"

이렇게 말하면 아이는 "응"이나 "싫어"라는 두 가지 대답 밖에 할 말이 없습니다. 소통이 아니지요. 이래서야 의사전달 능력을 길러줄 수 없습니다. 이 능력을 길러주려면 무엇보다 엄마와 아빠가 대화하는 모습을 많이 보여주어야 합니다. 이렇게 표현하니까 부탁을 들어주는구나, 이렇게 말하면 상대방이 기분 나빠 하지 않는구나, 이런 말투는 남을 불쾌하게 하는구나….

아이는 엄마와 아빠의 대화를 흉내 내면서 어떤 말은 사용하고, 어떤 말은 사용하지 말아야 할지를 익힙니다. 손위 형제를 보고 자란 동생이 그렇지 않은 아이에 비해 의사전달 능력이 뛰어난 까닭은 그만큼 보고 배울 기회가 많았기 때문이지요. 마찬가지입니다. 만약 부부가 일방통행에 가까운 대화만 나눈다면, 아이도 남에게 그런 식으로 말할 겁니다.

　부부는 서로를 이해하고, 인정하고, 서로의 생각을 의논하고, 양보하고, 존중하면서 답을 찾아야 합니다. 그러면 아이는 그런 부모의 대화를 들으면서 자연스럽게 의사전달 능력을 키워 나갈 겁니다.

❷ 다양한 가치관을 받아들이는 능력

가정은 아이가 처음으로 만나는 '사회'입니다. 좋아하는 것, 싫어하는 것, 선악을 판단하는 기준, 상대를 배려하는 마음, 소중히 여겨야 할 것, 지켜야 할 예의나 규칙…. 아이는 이 모든 것을 가정에서 배웁니다.

　부부간에도 취향이나 가치관이 다릅니다. 아빠는 게임을 좋아하고 잘하지만, 엄마는 싫어할 수 있습니다. 엄마는 옷에 돈을 들이지만, 아빠는 관심이 없을 수도 있지요. 평소에 무심코 입에 담는 말도 다르고, 사회문제를 바라보는 시각도 다릅니다. 이런 부부간 차이는 모두 아이에게 영향을 끼칩니다.

　가정에서 부부가 서로의 차이를 인정하고 존중하는 모습을 보이면 아이는 다양한 가치관을 폭넓게 받아들이는 사람으로 성장합니다. 예전에는 엄마와 아빠가 하나의 가치관, 하나의 사고방식으로 아이를 대해야만 아이가 혼란스러워하지 않는다고 생각했습니다. 가부장제의 영향으로 아버지는 절대적인 존재였고, 가족은 그런 아버지를 따라야만 했지요.

하지만 이제는 그렇지 않습니다. 아이는 부모의 가치관이 서로 다르다고 혼란스러워 하지 않습니다. 아빠만의 생각을 강요하거나 엄마만의 관점으로 아이를 키우기보다 다양한 가치관을 접하게 해주는 것이 훨씬 더 중요합니다. 우리 집의 상식이 세상에서는 비상식이 될 수도 있지요. 세상에는 다양한 사고방식과 접근방식이 존재합니다. 이제는 이 다양성을 인정하고 받아들이는 능력을 키워야 할 때입니다.

❸ 비인지적 능력

지금 교육계에서 세계적으로 주목받는 능력이 있습니다. 바로 '비인지적 능력'입니다. '비인지적 능력'이란 한마디로 자신을 믿는 능력입니다.

- 목표를 향해 노력하는 능력
- 사람을 대하는 능력
- 감정을 조절하는 능력

이 능력들은 모두 '자기 자신을 믿음으로써' 발휘됩니다. 부모는 시험성적이나 빠른 계산, 암기력, 정확한 맞춤법처럼 아이가 '똑똑해졌다'고 느낄 수 있는 육안으로 확인 가능한 '인지적 능력'을 중시하기 쉽습니다. 그런데 미국의 한 연구에 따르면 눈에 보이지 않는 '비인지적 능력'이 장차 그 아이의 성공과 안정된 수입에 더 큰 영향을 끼친다고 합니다. 이 '능력'은 암기력이나 계산 실력과 달라서 누군가가 옆에서 시킨다고 습득되는 것이 아닙니다. 타인과 관계를 맺으면서 아이 자신이 존중을 받아야 비로소 기를 수 있지요.

아이가 글을 빨리 깨치거나, 숫자 계산이 빠르면 부모는 그 모습을 보면서 흡족해합니다. 반대로 글을 늦게 깨치거나, 숫자 계산이 느리면 부모는 조바심을 내며 불안해합니다. 하지만 이보다 먼저 다른 사람과 어울리며 많은 경험을 하게 하여 '비인지적 능력'을 길러주어야 합니다.

내가 열심히 설명하면 사람들이 이해해줄 거야, 기쁠 때도 눈물이 나는구나, 나도 도움이 될 수 있게 열심히 해야지…. 이런 생각을 할 줄 아는 능력은 가정에서 생활하며 길러집니다. 혼자서는 절대로 습득할 수 없습니다. 아이는 이러한 경험을 거듭하면서 자신을 믿고 앞으로 나아가는 역량을 키웁니다.

물론 아이와 엄마, 아이와 아빠의 '수직적인 일대일 관계'도 중요합니다. 하지만 '아빠가 맛있다고 하니까 엄마가 은근히 좋아하네?'와 같은 경험, 엄마에게는 비밀로 하고 아빠와 둘이서 가슴 설레며 엄마 선물을 골랐던 경험, 다른 형제와 경쟁하며 엄마의 관심을 끌려고 애썼던 경험들은 일대일 관계에서는 겪을 수가 없습니다. 인지적인 능력도 중요하지만 아이가 처음 만나는 가족이라는 작은 사회에서는 우선 '비인지적 능력'을 길러주는 데 중점을 두어야 합니다.

❹ 안정된 자기인식 능력

아이에게 바람직한 환경이란 무엇일까요?

사회적으로 존경받는 유명인의 어린 시절 이야기를 들어보면, 매우 가난했지만 부모님의 웃는 얼굴이나 따뜻한 말 덕분에 행복한 어린 시절을 보냈다는 일화가 많습니다. 물리적인 환경보다 가족이 건네는 말이 더 큰 영향력을 발휘하는 것이지요. 부유하지만 부부간의 대화가 거의 없고 난폭한 가정보다, 가난하지만 부부간에 자주 대화하고 다정한 가정이 아이에게는 더 안전하고 풍요로운 환경입니다.

물리적으로는 어려운 환경일지라도 부부가 애정이 담긴 긍정적이고 즐거운 대화를 나누면 아이는 그 속에서 부족함이 아닌 풍요로움을 느낍니다. 이런 환경에 있는 아이는 '사는 것이 즐겁다', '나는 살아갈 가치가 있는 사람이다'라고 느끼며 긍정적인 사람으로 자랍니다.

❺ 문제를 찾아내는 능력

학자들은 지금의 초등학생들이 사회에 나갈 즈음에는 현존하는 직업의 약 60퍼센트가 사라질 것이라고 예상합니다. AI(인공지능)가 그 일을 대체하기 때문이지요. 지금까지 우리에게 요구되었던 능력은 학교에서나 사회에서나 '주어진 과제를 올바르고 신속하게 처리하는 능력'이었습니다. 그러나 이 능력은 이제 AI의 적수가 되지 못합니다. 우리는 아이에게 AI에 지지 않을 새로운 능력을 길러주어야 합니다. AI에 지지 않을 능력이란 인간만이 할 수 있는 능력을 말합니다. 인간만이 가능한 능력, 바로 '과제 자체를 설정하는 능력'입니다.

자기 자신을 비롯한 모두의 고민이나 불안, 걱정, 어려움 등을 잘 정리해서 하나의 과제로 설정하려면 사람들과 대화를 나누어야 합니다. 이 말은 "네 고민은 뭐야?" 하고 다짜고짜 질문을 던져서 대답을 이끌어내야 한다는 말이 아닙니다.

"정말 이런 일이 힘들구나."

"나만 이 일로 불안한 건 아니었어."

별 다른 목적 없이 대화를 나누다가 불현듯 알아차리게 되는 어떤 것. 이것이 바로 새로운 아이디어입니다. 마음속에 있는 생각은 말로 꺼내서 상대방에게 드러내야 비로소 형태가 만들어집니다. 그렇기 때문에 대화가 중요합니다.

자세한 내용은 3장에서 다루겠지만, 가정에서는 가능한 목적 없는 대화를 많이 나누어 인간만이 가질 수 있는 능력을 길러주는 데 힘써야 합니다.

그렇다면 지금까지 알아본 이 다섯 가지 능력은 어떻게 해야 기를 수 있을까요? 지금부터 그 구체적인 대화법의 예를 알아보겠습니다.

2장

아이의 상황에 맞춘
부부대화법
16가지

conjugal conversation to make a child intelligent

아이가 친구들과
잘 어울리지 못할 때

정답을
강요하지 마세요

상황 : 아이가 친구들과 떨어져 혼자 놀고 있다

[나쁜 대화법의 예]

엄마 : 같이 놀자고 했어야지.

아이 : 아니 나는….

아빠 : 네가 다가가야 친구가 생기지.

아이 : 나도 알아….

[좋은 대화법의 예]

엄마 : 뭐하고 놀았어?

아이 : 그림 그렸어.

아빠 : 그림 그렸구나. 주위가 시끄러웠을 텐데, 우리 아이
      는 집중력이 좋구나.

엄마 : 친구들은 뭐했어?

아이 : 술래잡기.

아빠 : 너는 같이 안 했어?

아이 : 같이할 때도 있어. 그런데 오늘은 그림 그렸어.

엄마 : 술래잡기 하고 싶을 때는 너도 같이하자고 말해봐.

아이 : 응!

상대방의 세계에 들어가고 싶다면
'왜'가 아닌 '무엇'부터 물어보기

자, 이번 장에서는 부부가 아이 앞에서 어떻게 말하면 좋을지,
평상시 나누는 부부의 대화에서 무엇을 소중히 여겨야 하는
지, 여러 가지 상황별 예를 통해 알아보겠습니다.

　앞의 예에서 부부는 아이가 외롭게 혼자 놀았다는 사실에

속상했을지도 모릅니다. 안쓰러운 마음도 들었겠지요. 그런데 아이 자신도 그랬을까요? 그럴 수도 있지만, 아닐 수도 있습니다.

부모는 자신이 바라는 점이나 못마땅해 하는 점만 말로 꺼내 주의를 주는 경향이 있습니다. 하지만 아이의 관점에서 보면 불필요한 주의일 때가 많습니다.

멋대로 넘겨짚고서 "○○ 했어야지"라고 강요하는 것은 이제 그만했으면 좋겠습니다. 그보다는 아이가 혼자 있는 것을 즐겼는지, 무리에 끼고 싶었는데 그러지 못했는지, 사실은 어떻게 하고 싶은지, 대화를 통해 알아보고 아이 스스로 생각할 시간을 주어야 합니다.

부모는 아이에게 방법을 가르쳐주고 싶은 생각에서 "그럴 때는 이렇게 해야 해"라고 다그치기 쉽습니다. 하지만 그런 말을 들은 아이는 '나는 친구들 무리에 끼지 못하는 못난 아이구나'라고 느낄 가능성이 큽니다. 아이와 대화할 때는 혼자 넘겨짚으며 다그칠 것이 아니라, 아이가 대답하기 쉬운 '무엇'을 넣어 "무엇을 하고 있었어?"라고 물어봐야 합니다.

위의 예에서처럼 아이가 자신이 무엇을 하고 있었는지 솔직하게 대답하면, 그때 "친구들은 뭐하고 있었어?" 하고 부모가 물어보고 싶은 점, 즉 주변이 보였는지를 물어보면 됩니다. 부모가 궁금해하는 점을 물을 때도 "왜 친구들과 놀지 않았어?"가 아니라 '무엇'을 넣어서 질문하세요.

'왜'라는 말이 들어간 질문은 나무라는 인상이 강합니다. 게다가 '왜'라고 물어봤자 아이 자신도 이유를 몰라 제대로 답하지 못합니다.

'무엇'을 넣어 질문한 후에 "너는 같이 안 했어?"라고 물어보면 "같이할 때도 있어", "나는 술래잡기 싫어해", "같이 하고 싶었는데 그러지 못했어" 등 아이가 자신의 생각이나 느낌을 말로 표현할 겁니다.

이 과정에서 가장 바람직한 결과는 자신이 어떻게 하고 싶은지, 내일은 어떻게 할 생각인지, 아이 스스로 답을 찾아내는 것입니다. 부모는 궁금하고 답답한 마음에 아이의 마음을 넘겨짚으며 대화를 끌고 가려고 하지만, 서두르면 안 됩니다. 아이는 부모와 차분히 대화를 나누어야 자신의 감정이나 생각을 정리할 수 있습니다.

만약 부부 중 어느 한쪽이 아이에게 자신이 옳다고 생각하는 방향으로 밀어붙였다면, 다른 한쪽은 아이의 생각을 들어보는 등 서로 보완하는 편이 좋습니다.

[부부의 평소 대화]

남편 : 나 왔어. 냄새 좋다. 뭐 만들어?

아내 : 크로켓 만들려고.

남편 : 그래? 맛있겠다! 그럼 나는 양파를 썰까?

상대방이 '무엇을 하고 있는지' 자주 물어보세요. 이런 말로 대화를 시작하면 상대방의 세계에 자연스럽게 들어갈 수 있습니다.

MEMO _____

- 상대방의 하루나 상대방이 한 일에 대해 관심을 보이자.
- 지시형 말투로 말하지 말고, 상대방이 무엇을 하고 있는지 물어보자.
- 상대방이 어떻게 하고 싶어 하는지를 관찰하자.

아이가 자신의 의견을
말하지 못할 때

아이의 성격을
함부로 단정하지 마세요

상황 : 아이가 친구의 부탁을 잘 거절하지 못해요

[나쁜 대화법의 예]

엄마 : 싫으면 확실하게 '빌려주기 싫어!'라고 말하지 그랬
　　　어.

아이 : 그게….

아빠 : 제대로 말하지 않으면 상대방은 네가 무슨 생각을
　　　하는지 몰라.

엄마 : 싫은데도 참고 빌려주고, 우리 ○○가 그래도 착한
　　　아이네.

[좋은 대화법의 예]

엄마 : 그래서 빌려줬구나.

아이 : 응. 빌려달라고 하니까.

아빠 : 아빠라면 빌려주지 않았을 거야.

아이 : 왜?

아빠 : 빌려가서 안 돌려주면 화나고, 혹시라도 망가뜨리
　　　면 속상하잖아.

아이 : 그건 그래.

엄마 : 너도 그래? 그럼 어떻게 하지?

아이 : 조심해서 써달라고 내일 만나서 얘기해볼래.

아빠 : 만약 조심히 사용한다면 빌려주는 것도 좋겠지.

배우자와 아이를 인정하는 말을 한 후에
자신의 생각을 이야기하기

아이가 자신의 의견을 제대로 말하지 못하더라도 부모는 아

이 생각을 함부로 단정해서는 안 됩니다. 이런 경우에도 "싫으면 싫다고 해"와 같이 지시형으로 말하는 것이 아니라, "빌려 줬구나"라고 아이의 행동을 인정하는 말을 건네야 합니다. 그런 다음에 부모의 생각을 들려주면 아이는 어떻게 해야 할지 스스로 생각하게 됩니다.

"너는 착한 아이구나"와 같은 말은 얼핏 칭찬처럼 들리지만, 사실은 성격을 단정하는 말입니다. 단정하는 말을 사용하면 아이는 '나는 착한 아이여야만 해'라고 자신을 옭아맬 우려가 있습니다. 긍정적인 말이더라도 성격이나 재능을 단정하는 것은 좋지 않습니다. "네가 천재라서 시험에서 100점을 받은 거야"가 아니라, "네가 노력해서 100점을 받았구나"라고 노력과 행동을 인정해주세요. 자신이 천재라고 믿게 되면 더는 노력하지 않을 테니까요.

① 아이의 행동이나 생각을 인정한다.
(이 예에서는 "빌려줬구나.")

↓

② 부모가 본을 보인다. 혹은 부모의 의견이나 생각을 말한다.
(이 예에서는 "아빠라면 빌려주지 않았을 거야.")

↓

③ 사회의 규칙을 설명한다.

　　(이 예에서는 "만약 조심히 사용한다면 빌려주는 것도 좋겠지.")

이와 같은 순서로 아이에게 자기긍정감과 사고력을 키워주세요.

[부부의 평소 대화]

부부간에도 상대방을 단정하는 말투는 피하세요. 만약 남편이 집안일에 적극적이지 않다면 '집안일을 전혀 하지 않는 남편'이라고 단정하지 말고, 아래와 같이 힘든 점을 말로 표현해보세요. 그런 다음에 둘이서 남은 일을 어떻게 처리하면 좋을지 상의하면 됩니다.

아내가 믿고 의지하면 남편도 달라집니다.

아내 : 오늘은 쉬고 싶다. 몸이 많이 힘드네.

　　　　(자신의 생각이나 감정을 전한다)

남편 : 많이 피곤해? 누워서 좀 쉬는 게 좋겠다.

아내 : 내일 도시락도 준비해야 하고 세탁기도 돌려야 하

는데, 어떻게 하지?

남편 : 내가 해놓을게. 걱정 말고 일찍 자.

아내 : 고마워.

MEMO _____

- 단정하지 말고 자신의 느낌을 솔직히 이야기한다.
- 어떻게 하면 좋을지, 상대방도 같이 생각해볼 수 있는 말을 건 넨다.

별것 아닌 일로
아이를 혼낼 때

참기만 하면
역효과가 납니다

상황 : 남편이 집에 있을 때, 아이에게 더 화를 많이 내요

[나쁜 대화법의 예]

엄마 : 이것도 제대로 못해?

아이 : 그게….

엄마 : 몇 번이나 말했잖아!

아빠 : …. (보고도 못 본 척을 한다)

[좋은 대화법의 예]

엄마 : 이것도 제대로 못해?

아이 : 그게….

엄마 : 몇 번이나 말했잖아!

아빠 : 아빠가 저녁 맛있게 만들 테니까, 그거 먹고 다시 잘
       해보자.

엄마 : …고마워.

배우자가 짜증을 내는 진짜 이유를 찾는다

집에 들어갔을 때 아내가 아이를 마구 혼내고 있으면 뭘 어떻
게 해야 할지 모르겠다며, 난감해하는 남편들이 많습니다. 대
부분 아내의 화가 가라앉기를 기다리며 거실 한쪽에서 스마
트폰만 본다고 하더군요. 하지만 이런 행동은 가장 좋지 못한
대처법입니다.

어떤 분들은 "잘 크고 있는데 뭘 그렇게 화를 내? 이제 그
만해"라며 아내를 말립니다. 이런 말은 아내를 더욱 화나게 할
뿐입니다.

사실 아내는 아이에게 화난 것이 아닙니다. 이유는 일부

아이에게 있었을지 몰라도, 혼자 이런저런 일을 짊어져서 많이 힘든데 남편이 알아주지 않으니까 짜증난 것이지요. 그러므로 남편은 자리를 피하지 말고, 아내와 아이가 문제를 제대로 해결하도록 도와주어야 합니다. 예컨대 "빨래는 내가 할게", "지금 장보러 갔다 올까?" 하고 아내가 하려는 일을 분담하면 좋습니다.

아내 역시 자신이 무엇 때문에 화가 났는지 냉정하게 돌아봐야 하지요. 필시 아이 때문만이 아닐 겁니다.

"아이가 피아노 연습하는 걸 도와줘야 하는데 저녁 시간이잖아. 저녁도 준비해야 하고 아이도 챙겨야 하고. 나는 그걸 한꺼번에 다할 수 있는 사람이 아니야."

아내도 이렇게 자신의 진짜 마음을 남편에게 전해야 합니다.

아이는 불합리한 일로 꾸중을 들으면 위축됩니다. 부모가 자기 기분에 따라 아이를 혼내면, 아이는 옳고 그름을 판단하기가 어려워집니다. 게다가 아빠가 돌아왔을 때 엄마가 더욱 화를 낸다는 사실을 아이도 모를 리 없습니다.

부부 중 어느 한쪽이 화가 났더라도 대화로 상황을 개선해나가는 모습을 보여주면 아이는 대화의 중요성을 알게 됩니다. 또한 그런 경험이 쌓이면 사물의 본질을 꿰뚫어보고 행동해야 한다는 사실을 알게 되지요.

　아빠가 집에 돌아오면 엄마가 기분이 좋아진다. 이런 상황을 더 많이 만들어보세요.

[부부의 일상 대화]

아내 : 짜증내서 미안해.

남편 : 힘들어서 그랬던 거 알아.

아내 : 당신이 대신 저녁을 준비해줘서 아이 숙제를 충분
　　　히 봐줄 수 있었어.

남편 : 내가 도움이 돼서 다행이야.

아내 : 당신이 집에 오면 빨리 저녁을 차려야 한다는 생각
에 조급해지기도 하고, 왜 내가 이 모든 걸 혼자 해
야 하나 싶어 화가 났었어.

남편 : 그래? 그럼 앞으로는 더 많은 걸 같이하자.

이렇게 부부는 서로 생각을 나누어 상황을 개선해야 합
니다.

MEMO _____

• 말하지 않고 가만히 있으면 아무것도 해결되지 않는다.
• 배우자가 짜증을 내는 진짜 원인을 생각한다.
• 부부가 대화로 상황을 개선하는 모습을 아이에게 보여주자.

아이가 스스로
정리정돈하지 않을 때

아이 혼자 상황을 해결하게
놔두지 마세요

상황 : 아이가 스스로 자기 물건을 정리하지 않아요

[나쁜 대화법의 예]

엄마 : 장난감 좀 정리해.

아이 : 알았어요.

아빠 : 엄마가 아까부터 정리하라고 몇 번이나 말했니?

아이 : 알았다니까요. 하려고 했는데 자꾸 말하면 하기 싫
　　　 잖아요.

엄마 : 네가 안 하니까 그러잖아.

[좋은 대화법의 예]

엄마 : 우와, 장난감이 엄청 나와 있네.

아이 : 조립하면서 노는 게 재미있어서요.

아빠 : 이런 걸 만들 수 있다니, 대단하네.

아이 : 멋있죠? 이걸 이렇게 하면 만들 수 있어요.

아빠 : 아하, 그렇게 하는구나.

엄마 : 재미있어 보인다. 그런데 밥 먹어야 하니까 이제 슬
슬 정리할까?

아빠 : 아쉽지만 그래야겠다. 같이 정리하고 밥 먹자.

아이 : 네, 저도 배고파요.

배우자가 아이와 대립할 때는
나서서 양쪽 모두 인정해주는 말을 한다

부모는 훈육을 위해 주의를 주려고 하지만, 아이는 자기만의
세계에 푹 빠져 있습니다. 무언가에 푹 빠져서 노는 것은 멋진
일이지요. 이미 여러 차례 앞에서 언급했듯이, 우선은 그 세계

를 인정해주어야 합니다. 할 일이 많은 엄마는 정해진 시간에 여러 가지 일을 처리하려다 보니 아이와 부딪히게 될 때가 많습니다.

이럴 때는 아빠가 나서서 엄마와 아이를 인정해 주는 말을 해보세요. 모처럼 하고 싶은 것을 실컷 하게 해 주어도, 인정하는 말을 건네지 않으면 상대방은 인정받았다는 느낌을 받지 못합니다. 아이는 인정을 받아야 비로소 부모의 마음을 알아차리고 몸을 움직입니다. 인정해주지 않고 백날 시켜봐야 도로 아미타불입니다.

[부부의 평소 대화]

아래의 예처럼, 배우자에게 바라는 점이 있으면 그 즉시 말로 표현하세요.

> 아내 : 입었던 옷은 세탁기에 바로 넣어야 다음날 다시 입을 수 있어.
> 남편 : 응. 그런데 나는 다음날 다시 입지 않아도 괜찮아.
> 아내 : 그래? 알았어. 그런데 그래도 세탁기에 바로 넣어줘. 세탁기 돌릴 때 같이 돌려야 일이 줄거든.
> 남편 : 알았어. 바로 넣을게.

아내 : 고마워. 나는 가족 모두가 자기 일은 자기 스스로 했으면 해. 특히 당신은 아빠니까 본을 보여야 하잖아.

남편 : 그래야지.

짜증내지 말고, 화내지 말고, 무작정 시키지도 말고, 이렇게 말로 대화를 나눠보세요.

MEMO _____

- 배우자가 아이와 대립할 때는 나서서 양쪽 모두를 인정해주는 말을 한다.
- 상대방에게 바라는 점은 그 즉시 말로 표현한다.
- 아이 혼자 상황을 해결하게 놔두지 않는다.

아이가 친구에게
선물을 받았을 때

솔직한 감정을
소중하게 여겨 주세요

상황 : 아이가 고맙다는 인사를 안 해요

[나쁜 대화법의 예]

친구 : 받아, 초콜릿이야.

아이 : 와아~, 초콜릿이다! 빨리 먹어야지!

엄마 : 잠깐, 친구한테 고맙다는 말부터 해야지.

아이 : 고, 고마워. 잘 먹을게….

엄마 : 그래, 그렇게 인사하고 먹어야지.

[좋은 대화법의 예]

친구 : 받아, 초콜릿이야.

아이 : 와아~, 초콜릿이다! 빨리 먹어야지.

엄마 : 맛있어 보인다. 초콜릿을 줘서 고마워.

아이 : 맛있다!

고맙다는 인사를 시키기 전에
감정을 키우도록 돕는 것이 중요

가족끼리 있을 때는 아이를 있는 그대로 인정하다가, 제삼자가 끼면 자기도 모르게 "친구한테 고맙다는 말부터 해야지" 하고 지시하는 부모가 많습니다. 예의범절을 잘 가르치는 부모로 보이고 싶어서 그러겠지요. 하지만 이런 상황에서도 부모의 역할은 아이의 그릇을 키워주는 것입니다. 우선은 아이의 감정부터 인정해주세요.

아이는 생각이나 감정을 열심히 키워 나가야 합니다. 그런데 "친구한테 고맙다는 말부터 해야지"라는 말을 들으면, 자라나던 감정이 싹 사라집니다. 게다가 부모가 시켜서 하는, 진심이 담기지 않은 인사는 별 의미가 없습니다. 아이가 '고맙다', '기쁘다'라는 감정을 충분히 느끼도록 인사를 강요하지 말고 부모가 대신 상대방에게 "고마워"라고 예의를 갖춰 마음을 전하세요. 이 과정을 반복하면 아이도 자신의 감정을 전하고 싶을 때, 항상 들어왔던 부모의 인사말을 떠올려 자연스럽게 따라합니다. 그리고 이런 인사야말로 진심이 담겨 있지요.

[부부의 평소 대화]
아내 : 돌아오는 길에 장을 봐줘서 고마워.
남편 : 응, 당신도 커피 타줘서 고마워.
아내 : 오늘 아주 맛있는 초콜릿을 받았어.
남편 : 그러네, 아주 맛있네.

부부가 평소에 고맙다는 말을 자주 주고받으면, 억지로 시키지 않아도 아이 역시 자연스럽게 인사하게 됩니다.

MEMO _____

- 아이의 감정을 키우는 것이 우선이다.
- 다른 사람 앞에서도 아이의 자기긍정감을 우선시하자.

아이 친구의 엄마와
마주쳤을 때

집 밖에서도 아이를
긍정적으로 표현하자

상황 : 다른 엄마가 내 아이를 칭찬해줘요

[나쁜 대화법의 예]

엄마 : 우리 아이가 혹시 폐를 끼치지는 않았는지 모르겠
     네요.

친구엄마 : 전혀요. 아이들이 항상 사이좋게 지내서 다행
       이에요.

엄마 : 장난이 지나치거나 말을 험하게 하면 바로 혼내주

세요.

친구엄마 : 제가 보기에는 아주 착하던 걸요?

엄마 : 아우, 아니에요. 집에서는 얼마나 말썽을 많이 피우
　　　는지 몰라요.

[좋은 대화법의 예]

엄마 : 아이들끼리 사이좋게 지내서 다행이에요.

친구엄마 : 맞아요. 둘이 잘 맞나 봐요.

엄마 : 둘 다 축구를 좋아해서 연습하러 나가는 것도 재미
　　　있어 해요.

친구엄마 : ○○이가 리프팅을 꽤 잘하더라고요.

엄마 : 우리 ○○이가 이 소리를 들으면 아주 좋아하겠네
　　　요. △△이의 슛이야말로 위협적이죠.

누군가 아이를 칭찬해주면, 손사래 치지 말고 기뻐하며 받기

일본의 많은 부모가 겸손해야 한다는 생각에서 남 앞에서 자
신의 아이를 나쁘게 이야기하는 경향이 있습니다. 이런 행동

은 옳지 않습니다. 미국이나 유럽에서는 이해할 수 없는 행동이지요.

아이는 엄마가 다른 누군가와 나누는 이야기에 쫑긋 귀를 세웁니다. 그 대화에서 자기 이야기가 나오면 '엄마가 평소에 나를 이렇게 생각하는구나'라고 받아들이죠. 사람은 누구나 간접적으로 듣는 자신의 이야기에 많은 영향을 받습니다. 되도록 다른 사람 앞에서 아이를 비하하지 말고, 아이가 가진 좋은 모습을 응원해주세요.

만약 상대방이 우리 아이를 칭찬해주면 아니라며 손사래를 치지 말고, 그냥 기뻐하며 받아들이세요. 그러면 아이도 매우 좋아하며 긍정적인 영향을 받습니다.

[부부의 평소 대화]

아내 : △△엄마가 우리 ○○이 리프팅 잘한다고 그러더라.

남편 : 그래? 듣기 좋은 소리네.

아내 : 당신이 연습할 때 잘 가르쳐준 덕분이야.

남편 : 그 공을 인정해주다니, 고마워. 더 열심히 해야겠네.

아내 : 그럼 좋지, 시합이 얼마 안 남았거든.

아이는 부모의 대화에 관심이 많습니다. 아이를 항상 긍정적으로 표현하면 아이의 의욕을 키워줄 수 있습니다.

MEMO _____

- 가족을 비하하지 않는다.
- 집 밖에서도 긍정적인 말을 사용한다.

아이가 의욕을
잃어버렸을 때

격려와 해결책보다
공감이 먼저

상황 : 노력한 결과를 얻지 못했어요

[나쁜 대화법의 예]

엄마 : 너는 마음만 먹으면 할 수 있는 아이야. 힘내!

아이 : 지쳤단 말이야….

아빠 : 방법이 나빴던 게 아닐까? 다른 방법으로 해보면 괜
  찮을 거야.

아이 : 싫어, 이제 안 해!

아빠 : 그럼 그만할까? 그만해도 괜찮아. 그만할래?

[좋은 대화법의 예]

아빠 : 하기 싫은 날도 있지.

아이 : 지쳤단 말이야….

아빠 : 그래. 날마다 많이 노력했으니까 지칠 만도 해.

아이 : 응.

엄마 : 우리 ○○이가 진짜 열심히 했지. 엄마는 정말 대단
하다고 생각해.

아이 : 나 진짜 열심히 했는데, 그치? … 아까우니까 조금
만 더 해볼까?

해결책부터 제시하면,
듣는 이는 자신이 부정당했다고 생각한다

아이의 의욕을 되살려주고 싶은 마음에 부모는 이런 말을 하
기 쉽습니다.

"힘내! 넌 할 수 있어!"

"더 효율적인 방법은 이거야. 이렇게 해봐."

부모는 아이를 격려함과 동시에 해결책을 제시하려고 듭니다. 하지만 부모는 아이 스스로 생각해서 결론을 내도록 도와주어야 합니다. 아이와 많은 시간을 보내는 엄마는 아이가 지금까지 해온 것이 아까워서 격려하거나 꾸짖어서 아이의 등을 떠밀려고 하지만, 중요한 것은 공감입니다.

아이가 가진 복잡한 생각을 부모가 말로 대신 표현해주고 공감해주면 아이는 놀랍게도 매우 빠르게 의욕을 되찾습니다. 아이는 정말로 의욕을 잃었다기보다, '이렇게 힘든데 누가 내 마음을 좀 알아줬으면…' 하고 바라는 경우가 더 많기 때문이지요.

다만, 아이가 정말로 힘든 상황이라면 먼저 아이의 마음을 공감해준 이후에 그만두어도 괜찮다고, 힘든 상황에서 관두는 것은 나약한 것이 아니라고 말해주세요.

아이는 부모가 생각하는 것보다 훨씬 더 좁은 세계에서 삽니다. 그래서 그 안에서 잘 지내지 못하면 자신은 이제 제대로 살아갈 수 없다고 단정하기도 합니다. 아이가 단순히 지친 것이 아니라 정말로 힘들어할 때는 세상에 다른 길도 많다고, 지금 이것을 잘하지 못해도 아무 문제가 되지 않는다고 꼭 알려주세요.

[부부의 평소 대화]

아내 : 오늘 일 끝나고 장봤는데 갑자기 비가 내려서 짐이
　　　 다 젖어버렸어. 안 그래도 무거운데 더 무거워져서
　　　 정말 혼났어.

남편 : 피곤한 몸으로 장까지 봤는데 비가 내려서 더 힘들
　　　 었겠네.

아내 : 응, 아직도 팔이 욱신욱신해.

남편 : 고생했어. 욕조에서 피로 좀 풀어. 설거지는 내가 할
　　　 게.

아내 : 고마워.

상대방이 힘들다고 하면 "전기자전거라도 하나 사", "근력
을 좀 키워", "배달시키면 되잖아" 하고 그럴싸한 해결책을 제
시하고 싶어집니다. 하지만 해결책보다 "정말 힘들었겠다"라
고 상대방의 마음을 알아주고 공감해주는 것이 중요합니다.

힘들다고 이야기할 때 상대가 바로 해결책부터 제시하면
마치 자기 자신에게 잘못이 있는 듯이 느껴져서 더 우울해집
니다.

아이도 그렇습니다. 부모가 방법부터 제시하면 아
이는 지금의 자신을 부정당했다고 느낍니다.

공감이 먼저입니다. 충분히 공감해준 후에 스스로 해결책을 찾을 수 있게 시간을 주세요.

MEMO _____

- 격려의 말이나 해결책을 먼저 이야기하지 않는다.
- 지금의 상황을 인정하고 공감해주면 상대방은 다시 힘을 낸다.

아이가 물건을
사달라고 떼쓸 때

'제안능력'을 키울
절호의 기회

상황 : 아이가 집에 있는 비슷한 장난감을 또 사달래요

[나쁜 대화법의 예]

엄마 : 안 돼!

아이 : 갖고 싶어~.

엄마 : 불필요한 곳에 돈을 쓸 수는 없어.

아이 : 흥, 치사해!

아빠 : 안 되는 건, 안 돼.

[좋은 대화법의 예]

엄마 : 이게 갖고 싶구나. 감각이 보통이 아니네.

아이 : 응, 그러니까 사줘.

엄마 : 다른 것과 어떻게 다른데?

아이 : 여기 만들어진 게 이렇게 달라.

엄마 : 아아, 그렇구나. 집에 있는 것과는 어떤데? 많이 달라?

아이 : 그건….

아빠 : 이야, 성능의 차이를 알아볼 줄 아는구나.

아이 : 이건 이런 것도 할 수 있어. 이게 있으면 아빠도 편할 거야.

"안 돼"라고 말하기 전에, 대답하기 쉬운 질문을 한다

아이가 무언가를 갖고 싶어서 계속 조른다면 제안능력을 길러줄 절호의 기회입니다. 이때 부모는 아이가 자신이 원하는 바를 부모에게 이해시키기 위해 충분히 머리를 굴리고 말을 고를 수 있게 도와주어야 합니다.

그냥 안 된다고 거절하거나 알았다며 바로 사주는 것은 모처럼의 기회를 날리는 아까운 일입니다. 아이가 무언가를 원해서 조르기 시작하면, 아래의 사항들을 확실하게 말로 할 수 있도록 차분히 유도해보세요.

① 갖고 싶은 이유
② 다른 것과의 차이점
③ 가졌을 때의 이점
④ 부모가 얻게 되는 이점

이때, 갖고 싶어 하는 이유를 알아보려고 "왜 이게 갖고 싶어?", "어째서?"라는 질문을 하면 안 됩니다. "어디가 마음에 들었어?", "무엇이 달라?" 등의 대답하기 쉬운 질문을 해야 합니다. 아이가 왜 이 물건을 갖고 싶은지, 스스로 알 수 있게 아이 머릿속을 정리해나가는 느낌이 들도록 돕는 거죠.

그리고 이런 상황에서도 아래와 같이 묻는 순서가 중요합니다.

① 아이의 '갖고 싶어 하는 마음'을 인정한다.

"이게 갖고 싶구나. 감각이 보통이 아니네"와 같이 아이의 감정을 알아준다.

↓

② 원하는 이유를 4W1H로 정리한다.

상황에 맞춰서 4W1H(언제·어디에서·누구와·무엇을·어떻게)로 물으며 사실관계를 정리한다. 이때 WHY(왜)는 묻지 않는다. "어디가 달라?", "어디에서 쓸 건데?"와 같이 물어야 한다.

↓

③ 가졌을 때의 이점, 부모가 얻는 이점을 찾는다.

"이걸 사면 아빠나 엄마는 무엇을 할 수 있는데?"라고 물어본다.

우선은 '감정'과 '사실'을 분리해서 아이 마음을 읽어주세요. 그런 다음에 아이가 사실에 근거해 잘 설명할 수 있게 질문을 던져서 말을 유도해주세요. 말을 알아야 '사고'도 할 수 있습니다.

[부부의 평소 대화]

부부간에도 "안 돼"라는 말로 대화를 끝내지 말고 다양한 생각이나 정보를 나누어보세요.

아내 : 식기세척기가 갖고 싶어.
남편 : 그게 있으면 편하기는 하지. 하지만 손으로 해야 더 깨끗하지 않아?
아내 : 요즘에 나오는 것은 성능이 좋아서 깨끗하게 닦이나봐.
남편 : 설거지가 귀찮으면 종이접시나 종이컵을 쓰는 방법도 있어.
아내 : 그러네, 그 방법도 좋겠다. 하지만 그러면 쓰레기가 걱정이야.

2장

남편 : 그렇지. 환경문제도 있고.

아내 : 어떤 제품이 나와 있는지 구경이나 해볼까?

남편 : 그래. 혹시 모르니까 사게 되면 어디에 둘지, 어느 정도 크기가 좋을지 생각하고 가자.

정말로 필요한 물건인지, 이 물건을 구입하는 것 외에 다른 해결책은 없는지 같이 의견을 나누면 좋겠습니다. 이런 대화를 듣는 아이는 설득에 필요한 말들을 배우며 자랍니다.

MEMO _____

- "안 돼!"라는 말로 대화를 끝내지 않는다.
- 갖고 싶은 이유를 같이 이야기한다.
- 장점과 단점을 생각한다.

아이가
경쟁에서 졌을 때

스스로 원인을 분석할 줄 알아야
성장합니다

상황 : 아이가 달리기에서 졌어요

[나쁜 대화법의 예]

엄마 : 아쉬워라. 출발이 늦어서 그래.

아이 : 응.

엄마 : 내일부터 날마다 달리기 연습을 해서 내년에는 꼭 1
등 하자!

아이 : 응.

엄마 : 잘할 수 있지? 안 그러면 내년에도 질 거야.

[좋은 대화법의 예]

아빠 : 너 정말 잘 달리더라.

아이 : 하지만 1등은 놓쳤어.

아빠 : 응. 달리는 자세는 아주 좋았는데.

아이 : 출발이 늦었어.

아빠 : 응. 하지만 이제 무엇을 연습해야 하는지 알잖아.

아이 : 속상해. 아무래도 내일부터 학교 끝나고 달리기 연
     습을 해야겠어!

엄마 : 같이 힘내자. 아자아자!

원치 않는 결과를 얻었다면, '노력한 과정'을 인정해주는 말이 우선

아이가 경쟁에서 졌을 때 부모는 어떤 말을 건네야 할지 고민
스럽습니다. 원인을 명확히 파악해서 조언하고 싶은 마음은
이해하지만, 아이는 스스로 원인을 분석할 수 있어야 성장합
니다.

아이가 스스로 깨달을 수 있게 말을 걸어주세요. 부모는 '졌다'는 사실에만 신경 쓰기 쉽지만, 우선은 아이가 '노력했다는 사실'부터 인정해야 합니다. 그리고 이것은 부모만이 할 수 있는 일입니다. 부모가 자신이 노력했다는 사실을 알아주면 아이는 다음 단계를 목표로 힘을 낼 수 있습니다.

[부부의 평소 대화]
아이를 대할 때와 마찬가지로 부부간에도 서로의 노력을 인정해주는 말이 필요합니다.

남편 : 그동안 하던 프로젝트가 오늘 경쟁회사에 밀렸어.

아내 : 그래? 열심히 했는데….

남편 : 결과가 중요하지 뭐.

아내 : 물론 그렇지만, 당신도 그렇고, 회사 사람들도 정말 노력했잖아.

남편 : 진짜 그랬지….

아내 : 밤늦게까지 몇 번이나 자료를 다시 만들었는데, 아쉽다.

남편 : 무엇을 놓쳤는지 다시 한 번 생각해봐야겠어.

어떻게 해야 했는지에 대한 답은 본인이 알고 있을 겁니다. 경쟁에서 지는 것은 실패가 아니라, 성공을 향한 경험이자 과정입니다. 이를 깨달으면 목표를 향한 다음 단계로 나아갈 수 있습니다.

MEMO _____

- 가정에서는 결과보다 '노력'을 인정하자.
- 스스로 해야 할 일을 깨닫는 것이 중요하다.

아이가 깊은 고민에
빠졌을 때

부부가 동시에
아이를 다그치면 안 됩니다

상황 : 아이가 울적해하고, 기운이 없어 보여요

[나쁜 대화법의 예]

엄마 : 무슨 일 있었어? 기운이 없어 보이네.

아이 : 아니….

엄마 : 말해야 알지. 무슨 일인데?

아이 : 어차피 말해봐야 엄마는 몰라.

아빠 : 너 엄마한테 그게 무슨 말버릇이야?

아빠 : 무슨 일 있었어?

아이 : 아니….

아빠 : 그래?

아이 : ….

엄마 : 맛있는 코코아 샀는데, 타줄까?

아이 : 응.

엄마 : 고소한 쿠키도 있는데.

아빠 : 아빠도 먹어야겠다.

아이 : 있잖아….

아이가 침울해한다면, 침울한 대로 편하게 있게 환경을 만들어주세요

아이가 울적해하거나, 어쩐지 기운이 없을 때는 부모가 먼저 알아차려 주는 것이 좋습니다. 아이는 부모가 알아주길 바라는 마음에서 계속 사인을 보내고 있을 겁니다.

많은 부모가 아이의 울적해 보이면 궁금증을 참지 못하고 이유를 자꾸 묻습니다. 그런데 아이는 말로 설명하기 어렵기 때문에 계속 침울한 상태에 있는 경우가 많습니다.

아이가 침울해한다면 그 상태로도 편하게 있을 수 있게 분위기를 조성해주세요.

분위기가 편안하면 아이는 안정을 되찾아 침울한 기분에서 차츰 벗어나게 됩니다. 중요한 것은 아이가 안정감을 되찾는 일입니다. 궁금하고 조급한 마음에 아이를 자꾸 다그치는 행동은 피해야 합니다. 안정을 되찾은 아이는 부모에게 먼저 말을 꺼내 도움을 요청할 겁니다.

[부부의 평소 대화]

어른도 침울하거나 힘이 없을 때가 있습니다. 아이 앞에서 이에 관한 이야기를 나누어도 괜찮습니다.

남편 : 잘 안 됐어….

아내 : 그랬구나….

남편 : 상황이 여러 가지로 어렵네.

아내 : 그러네.

남편 : 미안해, 이런 모습 보여서. 창피하네.

아내 : 아니야, 부부끼린데 뭐 어때. 우리 맥주 한 잔 할까?

남편 : 그럴까? 맥주 좋지!

상대방을 추궁하거나 결론 내려고 하지 말고, 위와 같이 공감하는 모습과 다시 힘을 내는 모습을 보여주세요. 아이는 부모를 보며 어떻게 해야 하는지를 배웁니다. 그리고 고민이 생겼을 때, 부모를 믿고 먼저 이야기를 터놓을 겁니다.

MEMO _____

- 아이가 억지로 고민을 털어놓게 하지 않는다.
- 상대방이 이야기를 시작하면 끝까지 잘 들어준다.
- 가정을 '침울한 상태로 있어도 되는 곳'으로 만들자.

아이가 낮은 점수를
받았을 때

신뢰의 말을
주고받는 것의 중요성

상황 : 아이가 시험을 망쳤어요

[나쁜 대화법의 예]

엄마 : 점수가 왜 이래?

아이 : 시험이 어려웠어.

엄마 : 공부를 안 해서가 아니고? 공부 제대로 했어? 틀린
       문제는 반복해서 풀었어?

아이 : 아니….

엄마 : 그럴 줄 알았어. 넌 그게 문제야.

[좋은 대화법의 예]

엄마 : 어머, 이번에는 점수가 낮네?

아이 : 응. 시험이 어려웠어.

아빠 : 그럼 다들 점수가 낮아?

아이 : 응. 평균 점수도 낮아.

아빠 : 그렇구나. 다들 열심히 준비했을 텐데.

아이 : 더 완벽하게 공부했어야 했나봐.

아빠 : 그래도 대단하네. 문제도 어려웠는데 시험 보느라
　　　 애썼어.

아이 : 아무래도 시험문제를 다시 봐야겠어.

엄마 : 검토하는 건 중요한 습관이지. 공부한다고 너무 무
　　　 리하지는 말고.

서툰 위로나 조언보다,
신뢰가 섞인 인정과 공감의 말이 중요

부모는 눈에 보이는 숫자에 연연하기 쉽습니다. 그래서 성적

이 좋지 못하면 조급하고 불안한 마음에 어떻게 하면 점수를 올릴 수 있는지 방법부터 알려주려고 듭니다. 하지만 우선은 아이의 의욕부터 되살려 주세요.

미국에서 한 실험을 진행했습니다. 새로 부임한 교사에게 이런 정보를 미리 알려주었습니다.

"이 반에서 우수한 아이는 출석부 번호 1번, 6번, 13번, 27번, 그리고 31번입니다. 잘 부탁드립니다"

그리고 담임에게 맡겼다고 합니다. 사실 이 다섯 명은 성적과 관계없이 무작위로 고른 학생들이었습니다. 그런데 놀랍게도 반년 후에 이 다섯 명의 성적이 압도적으로 향상되었습니다. 이유가 뭘까요?

교사는 아무런 의심 없이 이 다섯 명의 학생을 '너희는 우수한 학생이야'라는 믿음으로 대했습니다. 시험 점수나 태도가 좋지 못하면 "평소에는 잘했는데 이번에는 좀 좋지 못했구나"라고 말했고, 이와 다르게 다른 아이들의 성적이 좋아지면 "찍은 게 맞았나? 운이 좋았구나"라는 식으로 말을 건넸다고 합니다. 이 실험만 보아도 신뢰의 말을 건네는 것이 얼마나 중요한지를 알 수 있습니다.

가족끼리는 더욱 그렇습니다. 아이의 공부방식을 논하기 전에 아이를 믿는 따뜻한 말을 건네주세요.

[부부의 평소 대화]

남편 : 승진시험에 떨어졌어.

아내 : 어려웠어?

남편 : 열심히 한다고 했는데 잘 안 됐어.

아내 : 당신이 열심히 한 거 알아.

남편 : 속이 좀 상하네.

아내 : 그래, 속상하겠다.

남편 : 이제 어쩌면 좋지?

아내 : 어쩌면 좋을지 같이 생각해보자.

부부가 대화를 나눌 때 이렇게 같은 말을 반복하면 상대방의 말에 공감하고 있다는 느낌을 전할 수 있습니다. 상대방이 좋지 못한 결과로 고민할 때는 격려해주거나 "다음에는 잘 하겠지"와 같은 위로의 말을 건네거나, 혹은 다양한 조언을 해주고 싶은 마음이 듭니다.

하지만 일단은 상대방의 마음부터 공감해주세요. 그런 대화를 나누다 보면 본인 스스로 이제 무엇을 해야 하는지 탐색하게 됩니다. 결론은 본인의 마음속에 있습니다.

부부가 평소에 이런 방식으로 대화를 나누면 아이도 자연스럽게 이런 배려 깊은 대화를 익힙니다.

MEMO _____

- 상대방에게 신뢰의 말을 건네자.
- 상대방이 한 말을 반복함으로써 공감을 표현하자.

아이가
학교 규칙을 어겼을 때

'솔직한 마음'을
터놓을 수 있는 환경을 만들어주세요

상황 : 아이가 갑자기 염색을 했어요

[나쁜 대화법의 예]

엄마 : 왜 이런 짓을 했어?

아이 : 그게….

엄마 : 학교에 가서 뭐라고 할 거야?

아이 : ….

엄마 : 빨리 가서 다시 검은색으로 염색해!

[좋은 대화법의 예]

엄마 : 어머, 갈색으로 염색했어?

아이 :…응.

엄마 : 의외로 잘 어울리네.

아이 : 그래…?

아빠 : 잘 어울리기는 한데, 학교에서는 염색 금지 아니야?

아이 : 응….

아빠 : 금지라는 거 알고도 염색했어?

엄마 : 너는 어때?

아빠 : 마음에 들어?

아이 : 사실은….

잘못된 행동에 결과를 따지기보다 무슨 일이 있었는지 먼저 헤아린다

교칙이나 규칙을 어기는 행동은 용서받기 어렵습니다. 이를 아이라고 모를 리 없지요. 그런데도 교칙을 어겼다면 이유가 있을 겁니다. 어쩌면 다른 친구들에게 괴롭힘을 당해서 그랬거나, 벌칙게임과 같은 일이 연관되어 있을 수도 있습니다. 혹은 어떤 일에 대한 반발의 사인일 수도 있지요.

모두가 "학교 규칙을 어겨서는 안 된다!"라고 외치더라도, 엄마와 아빠라면 우선은 아이의 행동을 받아들이고 그것을 말로 표현해주어야 합니다.

"그러면 안 돼! 다시 원래대로 염색하고 와!"와 같은 부정의 말은 의사소통을 단절시킬 뿐입니다. 아이는 부모에게 말해봤자 이해해주지 않는다고 느끼면 입을 다물고 마음을 닫아버립니다.

사실 세상 사람들의 머리카락 색은 갈색, 금색, 흰색 등 한 가지가 아닙니다. 염색 자체는 편견 없이 인정하는 편이 좋겠지요.

우선은 "잘 어울리네", 혹은 "새롭기는 하지만 예전 머리색이 더 잘 어울려"와 같이 그 결과를 받아들이는 말부터 해주세요. 그런 다음에 규칙을 어기는 행동은 좋지 않다고 차분하게 설명하고, 본인도 그 사실을 알고 있는지 확인해보세요. 그러면 아이가 무슨 일이 있었는지 더욱 솔직하게 이야기할 수 있는 분위기를 만들 수 있을 겁니다. 아이도 엄마, 아빠가 자신을 정말로 믿고 있고 걱정하고 있음을 이미 느꼈을 테니까요.

진짜 고민이나 불안을 마주할
기회를 놓치지 마세요

아이를 혼내서 다시 검은색으로 염색한들 의미가 없습니다. 고민이나 곤란한 점이 해결되면 아마 아이 스스로 머리카락 색을 되돌리려고 할 겁니다.

표면적인 행동에 현혹되지 마세요. 아이의 진짜 고민이나 불안을 마주할 기회를 놓치지 않았으면 합니다.

[부부의 평소 대화]

부부끼리도 서로의 하루를 알지 못한 상태에서 결과만 가지고 상대방을 비난하거나, 불만을 터뜨리는 행동은 삼가야 합니다.

남편 : 오늘은 저녁식사 준비가 안 되어 있네?

아내 : 응….

남편 : 그래, 날마다 식구들 저녁 챙기느라 당신도 힘들지?

아내 : 아니, 괜찮은데….

남편 : 그런데 오늘 무슨 일 있었어?

아내 : 응, 실은….

남편 : …. 그랬구나. 당신이 힘들었겠네.

결과를 따지기 전에 무슨 일이 있었는지 헤아려 주세요. 상대방의 변화를 알아차리는 것이 대신 요리하고 청소하는 것보다 훨씬 중요합니다. 이러한 부모의 대화를 듣고 자란 아이는 상대방의 처지에서 상황을 이해하고 자신이 무엇을 해야 하는지 생각할 줄 아는 사람으로 성장합니다.

MEMO _____

- 아이의 잘못된 행동에 우선은 부정도, 지시도 하지 않는다.
- 상대방을 이해하고 받아들여야 상대방도 자신의 감정과 생각을 말할 수 있다.
- 지켜야 하는 규칙은 차후에 차분하게 설명해도 늦지 않는다.

아이가
숙제를 미룰 때

아이의 '과거'와 '현재'를
비교하여 칭찬해주세요

상황 : 자꾸 비교하는 말이 나오려고 해요

[나쁜 대화법의 예]

엄마 : 어서 숙제 해.

아이 : 나중에 할래.

엄마 : △△은 집에 오면 스스로 숙제부터 한다는데, 너는
　　　 왜 그래?

아이 : 엄마는 △△가 엄마 아이였으면 좋겠지?

[좋은 대화법의 예]

엄마 : 숙제 있어?

아이 : 있어. 나중에 할래.

아빠 : 스스로 언제 할지 정할 줄도 알고, 많이 컸네?

아이 : 응. 이거 끝나면 할 거야.

아빠 : 그래, 알았어.

남과의 싸움이 아닌, 자기 자신과의 싸움이 중요합니다

다른 누군가와 비교하며 아이를 혼내지 마세요. 다른 누군가
와 비교하며 아이를 칭찬하지도 마세요. 부모가 아이를 남과
비교하면, 아이는 비교로만 모든 일을 판단하게 됩니다. 남보
다 잘했네, 못했네 하는 식으로 인생을 바라보는 것은 슬픈 일
입니다. 비교에 익숙해진 아이는 남보다 잘해야만 자신을 인
정하게 됩니다.

남과의 비교는 좋지 않지만, 아이 자신의 과거와 현
재를 비교하는 것은 괜찮습니다.

"예전에 비해 많이 좋아졌네."

"어제는 잘 안됐는데 오늘은 성공했구나, 축하해!"

이렇게 남이 아니라 아이 자신의 과거와 비교해서 성장을 칭찬해야 합니다.

반대 상황도 그렇습니다.

"오늘은 잘 안되는 모양이구나. 저번 주에는 잘했는데."

과거의 자신이 잘해냈다는 사실을 상기시키면 오늘 좀 안되더라도 아이는 다시 힘을 냅니다. 타인과의 비교나 승부가 아니라, '자기 자신과의 싸움'을 통해 성장하게 해주세요. 그러면 아이는 대학입시나 취직시험에서도 남과 상관없이 자기 자신의 발전을 위해 노력합니다.

[부부의 평소 대화]

다른 부부와 비교하며 "다른 엄마는 애들한테 많이 신경쓰는데 당신은 왜 그래?", "다른 남편은 집안일도 다 한다던데 당신은 왜 안 해?"와 같은 말들은 해봐야 서로 감정만 상합니다. 이런 말을 듣고서 '그래, 앞으로 잘해야지!'라고 생각하는 사람은 아무도 없습니다.

아내 : 오늘 저녁은 뭐야?

남편 : 오늘은 특별히 해쉬드 비프!

아내 : 맛있어 보인다. 당신 요리 실력이 갈수록 좋아지는
　　　데? 진짜 맛있어!
남편 : 다음 주에는 더 맛있게 만들어줄게!
아내 : 와우!

남이 아니라 과거의 남편과 비교해서 실력이 좋아졌다고
이야기하면 듣는 사람도 기분이 좋아져서 더 잘하고 싶어집
니다.

MEMO _____

- 상대방을 남과 비교하며 칭찬하거나 질책하지 않는다.
- 상대방의 과거와 현재를 비교해서 상대방이 자기 자신에게 초
  점을 맞출 수 있도록 하자.
- 남이 아닌 '자기 자신과의 싸움'에서 이겨내도록 응원하자.

아이의 내성적인 성격이
걱정될 때

단점의 이면에는
반드시 장점이 있음을 기억하세요

상황 : 아이가 한 가지 일을 끈기 있게 해내지 못할 때

[나쁜 대화법의 예]

엄마 : 벌써 싫증이 났어?

아이 : 네….

엄마 : 무엇이든 그렇게 빨리 내팽개치는 건 좋지 않아.

아이 : 네….

아빠 : 시작했으면 끝을 봐야지. 안 그러면 뭐든 어중간한

해서 못 써.

엄마 : 이제 이거는 안 해?

아이 : 네.

아빠 : 그래? 그럼 지금은 뭐해?

아이 : 이거요.

엄마 : 그게 더 재밌니?

아이 : 네, 이게 더 재밌어요. 보실래요?

아빠 : 재미있어 보이네. 아빠도 같이해도 돼?

아이 : 네! 그런데 아빠는 잘 못할 텐데….

아빠 : 그건 해보면 알겠지. 흥미를 느꼈을 때 바로 해보는
　　　건 좋은 거야.

엄마 : 맞아. 엄마도 그렇게 생각해.

한 가지 가치관에 얽매이지 말고, 관점을 바꿔서 아이를 응원해주세요

우리는 "마지막까지 최선을 다해라", "힘들어도 끝까지 참으면

보람이 있다", "초지일관" 등의 이야기를 들으며 자랐습니다. 그래서인지, 아이에게도 무엇이든 끝까지 하라고, 역경을 참을 줄 아는 사람이 되는 게 중요하다고 강요하기 쉽습니다.

본인이 원해서 끝까지 해낸다면 몰라도, 이미 싫증난 일을 억지로 시켜봐야 의미가 없습니다. 쉽게 싫증내는 아이는 그만큼 '호기심이 완성한 아이'이기도 합니다. 한 가지 가치관에 얽매이지 말고 관점을 바꿔서 아이를 응원해주세요.

최근에는 다양성이 중요시되고 있습니다. 여러 방면에 흥미를 느껴서 스스로 배우려는 자세는 장차 아이의 미래에 큰 도움이 될 겁니다.

[부부의 평소 대화]

아내 : 근처에 요가학원이 생겼더라. 한번 가볼까?

남편 : 좋은 생각이네. 운동하면 좋지.

아내 : 응, 그래서 꾸준히 해보려고.

남편 : 지난번에 시작했던 제빵학원은 어때?

아내 : 그거 그만뒀어. 제빵은 나랑 안 맞더라.

남편 : 그랬어? 그럼 이번에는 요가학원이네? 아자!

'해내지 못한 일'에 초점을 두지 말고, '하고 싶은

일'이나 '흥미 있는 일'에 응원을 보냈으면 합니다. 이미 지불한 돈은 아깝지만, 그렇다고 억지로 하기에는 시간이 아깝습니다. 도전하는 과정에서 알게 된 여러 가지 새로운 사실이 또 다른 도전을 부릅니다.

MEMO _____

- 하고 싶지 않은 것을 계속해봐야 의미가 없다.
- 여러 가지 분야에 흥미를 가지다 보면 그 안에서 배우는 것이 있다.
- 누군가에게 응원받으면 더 잘하고 싶은 마음이 든다.

아이와 동석하는
학부모면담이 있을 때

중요한 일이 있을 때는
가족이 함께 작전을 짜요

상황 : 담임선생님과 상담하는 날이에요

[나쁜 대화법의 예]

엄마 : 내일 면담에서 부끄러울 일이 없었으면 좋겠어.

아이 : 그럴 일 없을 거예요.

아빠 : 선생님께 숙제 좀 많이 내달라고 해.

아이 : 네? 왜요?

[좋은 대화법의 예]

엄마 : 선생님께서 내일 면담에서 무슨 이야기를 하시려
　　　나? 혹시 들은 얘기 없니?

아이 : 아마 진로상담일 거예요.

엄마 : 진로에 대해 물으시면 뭐라고 대답하지?

아이 : 원하는 학교 이름이랑 가고 싶은 이유를 말하면 되
　　　지 않을까요?

아빠 : 우리 아이 진로에 대해 어떤 생각을 하고 있느냐고
　　　물을 수도 있겠지.

아이 : 네, 아마 그러실 거예요.

아빠 : 우리는 네가 정한 바를 전적으로 응원하니까, 선생
　　　님께도 그렇게 말씀 드릴까?

'선생님과 부모 VS 아이'의 관계가 성립되지 않도록, 부모
가 선생님을 만날 때는 아이와 먼저 이야기를 나누는 편이 좋
습니다. 그러면 아이는 마음 놓고 하루를 보낼 수 있습니다.
부모가 아이에 관해 어떤 걱정을 하고 있을 때, 선생님에게 바
로 이야기하면 아이는 "나한테 직접 말하지, 왜 선생님한테 말
해요?"라며 충격을 받거나 화를 낼 수도 있지요.

　또한, 면담은 부부 중 어느 한쪽만 가더라도, 집

안에서 사전에 의논할 때는 부부가 같이 이야기 나누어야 합니다. 면담이라고 그냥 학교에 가지 말고 무엇을 이야기할지 가족과 함께 상의해보세요.

[부부의 평소 대화]

아내 : 이제 곧 제삿날인데, 어떻게 준비하지?

남편 : 간단하게 하지 뭐.

아내 : 우리 마음대로 그럴 수는 없지. 혼자 준비하는 건 처음이라 뭘 얼마나 사야할지 모르겠어.

남편 : 내가 어머니께 넌지시 여쭤볼까?

아내 : 어머니야 물론 잘 알려주시겠지만….

남편 : 응, 그러실 거야.

아내 : 그런데 내가 맡아서 할 일이니까 내가 여쭤볼게.

남편 : 그래, 그것도 좋겠네.

아내 : 장보러 갈 때는 같이 가줄 거지?

남편 : 물론이지. 이번 주말에 갈까? 나도 도울 테니까 걱정 마.

아내 : 응.

가족이 같이 움직이기 전에 미리 상의하는 습관

을 들여 보세요. 부부가 미리 생각을 맞추면 나중에 "나는 그럴 생각이 아니었어!"라며 싸울 일이 줄어듭니다.

싸움이 줄면 같이 있는 시간이 즐거워지고 관계가 더욱 돈독해집니다.

MEMO _____

- 중요한 일이 있을 때는 가족이 함께 작전을 세우자.
- 모두가 자기 역할을 잘할 수 있도록 서로 돕자.

일가친척이 모이는 자리에
참석할 때

가족은
'한 팀'입니다

상황 : 친척들이 모이는 중요한 가족행사에 가요

[나쁜 대화법의 예]

엄마 : 인사 잘해.

아이 : 네, 알았어요.

엄마 : 지금 한번 해봐.

아이 : 있다가 잘할게요.

[좋은 대화법의 예]

엄마 : 우리 같이 인사 잘하자.

아이 : 네. 알았어요.

아빠 : 우리 ○○이는 잘할 거야. 오히려 내가 걱정인데?

아이 : 지금 연습해보실래요?

아빠 : 어…, 이렇게 좋은 날씨에 만나 뵙게 돼서….

아이·엄마 : 아하하하!

아빠 : 좋아, 좋아. 우리 가족은 문제없어!

일가친척이 모이는 중요한 자리에 가족이 참석해야 하는 경우, 부모는 불안한 마음에 "인사 똑바로 해!"라는 잔소리를 늘어놓기 쉽습니다. 하지만 아이는 '제대로'나 '똑바로'라는 말의 의미를 아직 알지 못합니다.

그보다는 가족이 하나가 되어 행사에 참여할 수 있는 분위기를 조성하는 편이 좋습니다.

예의범절이나 말투, 매너 등은 아이가 부모와 함께 참여한다는 의식만 있으면 부모를 본보기 삼아 천천히 배울 수 있습니다. 미리 다그치지 말고 그 자리에서 하나하나 자세히 설명해주세요.

가족이 모두 참여하는 행사가 있을 때 온 가족이 모여서
이를 의논하고 같이 준비하면 아이는 그런 부모의 모습을 보
면서 무엇을 준비하고 어떤 자세로 임해야 하는지를 배웁니
다. 그러므로 부부는 어떤 일이든 항상 상의한 후에 결정을 내
리는 것이 좋습니다.

아내 : 이번 봄나들이에는 8가족이나 참석한대.

남편 : 많이 모이네? 떠들썩하겠구나.

아내 : 준비를 잘해야겠어.

남편 : 그래. 맞아. 뭘 준비하면 좋을까?

아내 : 도시락이랑 옷, 돗자리랑….

남편 : 사야할 것이 있으면 내일 같이 가서 골라볼까?

아내 : 그게 좋겠어. 일단 집에서 챙길 수 있는 것부터 미리
　　　준비하자.

　가족이 어떻게 행동하고, 어떻게 남들과 관계를 맺을지,
항상 아이 눈높이에 맞춰서 사전에 대화하는 습관을
들이세요.

MEMO _____

- 가족 모두가 '한 팀'이 되어 같이 준비하자.
- 걱정되는 부분은 미리 말해두자.

3장

부부갈등을 해결하는 부부대화법 12가지

conjugal conversation to make a child intelligent

"남편이 나에게
관심이 없는 것 같아요"

부부가 대화를 많이 하면,
아이의 정서는 안정된다

최근, 육아강연이나 세미나에서 "부부간에 대화가 거의 없어서 어떻게 하면 좋을지 모르겠어요"라는 고민을 터놓는 분들이 많습니다.

사실 일본은 배우자와 대화하는 시간이 짧기로 유명합니다. 한 방송 프로그램의 조사에 따르면, 일본은 배우자와 대화하는 시간이 하루 평균 53분으로, 세계 50개국 중 48위라고 합니다. 그런데 육아강연에서 실제로 물어보면 놀랍게도, 많은 부부가 하루에 10분도 채 대화를 하지 않는다고 대답합니다. 평균보다 훨씬 짧은 시간이죠. 이 책을 읽는 한국의 부모들은 어떤가요?

부부가 말을 점점 안 하게 되는 이유는 무엇일까요? 아마도 사는 데 바빠서 얼굴을 마주할 시간이 없는 이유가 가장 크겠지요.

부부가 아이가 생기기 전에 둘이서만 살 때는 서로 일정을 조정해서 같이 시간을 보내며 이야기를 나누기 쉽습니다. 그런데 아이가 태어나면 아이의 생활리듬을 우선하게 되어 부부만의 시간을 갖기가 어렵죠. 일의 양이나 일하는 시간을 조정해서 부부가 같이 이야기를 나누며 아이를 키우는 것이 가장 좋겠지만, 현재 상황을 바꾸기란 쉬운 일이 아닙니다.

대화하는 시간이 줄면 감정이 쌓여서 말에 가시가 돋칩니다. 그것 때문에 더 말을 안 하게 되지요. 그런데, 이대로 놔두어도 괜찮을까요?

사실은 잘 모르는 서로의 속마음

아내를 대상으로 한 강좌를 하다 보면 이런 불만들이 터져 나옵니다.

- 남편은 내 이야기를 들어주지 않는다.
- 남편은 육아에 관심이 없는 것 같다.
- 육아나 집안일에 불평만 하니 남편과는 말하기가 싫다.
- 몇 번을 말해도 듣지 않아서 그냥 포기했다.

그런데 조금 더 깊이 들어가면, 진짜 속내를 듣게 됩니다. 남편이 자신과 아이에게 관심을 가져주었으면 좋겠다, 집안일을 함께 했으면 좋겠다, 하는 마음을 보게 되지요.

한편, 남편을 대상으로 한 강좌에서는 이런 불만이 쏟아집니다.

- 아내는 나에게 관심이 없다.
- 집에 들어가면 아내가 아이한테 짜증을 내거나 화를 내고 있어 말 걸기가 어렵다.
- 아이가 우선인 것 같아서 외롭다.
- 그것도 제대로 못하냐고 구박부터 해서 돕고 싶은 마음이 안 든다.

역시나 좀 더 깊이 들어가면, '아내가 나에게 신경써주면 좋겠다', '나를 믿고 따뜻하게 대해주었으면 좋겠다', '나도 잘

하고 싶은데 어떻게 해야 할지 모르겠다' 하는 마음이 진짜 속내임을 알 수 있습니다.

아내는 아이가 태어나면서 생활이 완전히 바뀌는 반면, 남편은 예전과 다름없는 생활을 하는 경우가 많습니다. 이것도 부모의 어긋남을 만드는 한 요인이지만, 사실은 두 사람 다 아빠와 엄마라는 새로운 포지션에 당황하는 동안 '대화하지 않는 게 더 편해'라고 익숙해진 것이 더 큰 요인일 겁니다.

원인이 무엇이든 대화가 없는 부부도 마음속으로는 '서로 상의해서 같이 즐겁게 생활했으면 좋겠다', '같이 아이를 잘 길렀으면 좋겠다'라고 외치고 있지요.

'부부의 불화'가 미치는 영향

대화에 익숙하지 않은 부부는 다정하게 말해야지 하고 마음먹어도, 금세 짜증이 치밀어 올라 입을 닫거나 싸우게 됩니다. 그런데 아이는 부모가 생각하는 것 이상으로 이런 모습을 민감하게 받아들입니다. 부부의 대화가 험해지면 아이는 제 힘으로 어떻게든 엄마와 아빠를 화해시키려고 애씁니다. 우스

꽝스러운 표정도 짓고 괜한 장난도 치면서 부모를 웃게 하려고 노력하지요.

좀 더 크면 못된 장난을 치거나 나쁜 짓을 저지르기도 하고, 크게 반항하기도 합니다. 부모가 그 일로 서로를 마주보았으면 하고 내심 원하기 때문입니다. 혹은 자신이 나쁜 아이라서 그렇다고 심하게 자책하기도 합니다. 안타까운 일이지요.

사실 아이가 이런 이상한 행동을 하는 이유는 가정에서 편하지 않기 때문입니다. 그런데 부모는 이 모습을 보고 다시 짜증을 냅니다. 이 악순환에 빠지지 않으려면 아이와의 관계를 생각하기 이전에, 부부간의 대화법부터 되돌아봐야 합니다. 엄마와 아빠가 서로 다정하게 마주보는 모습을 보이면 아이는 안정감을 느껴서 자신의 생각을 키우는 데 집중할 수 있습니다.

부부 사이가 좋아질 만한 무언가를 찾자

사이좋은 부부라고 하면, 날마다 손을 잡고 웃거나 포옹하며 키스하는 모습을 떠올리는 분이 많습니다. 하지만 사이좋은 부부의 모습은 한 가지가 아니지요. 부부가 힘을 합쳐 가족이 하나 되도록 노력하고, 그 마음이 아이에게 전달되면 그것으로 충분합니다.

그 마음을 가장 쉽게 드러낼 수 있는 방법이 집안일을 함께 하는 것입니다. 실제로 남편이 집안일을 적극적으로 하는 부부는 그렇지 않은 부부에 비해 사이가 좋다는 연구결과가 있습니다. 집안일이라고 하니까 청소나 설거지가 떠오르시지요? 하지만 집안일은 이를 포함한 가족의 생활을 디자인하고 관리하는 모든 일을 가리킵니다. 남편, 아내, 아이가 협력해서 이뤄야 할 일대 사업이지요.

이 일대 사업을 잘 꾸리려면 부부는 대화를 나누어야 합니다. 그리고 집안일을 함께 의논하는 부부의 다정한 대화는 아이의 성장에 막대한 영향을 끼칩니다.

MEMO _____

- 부부가 서로 마주보고 대화하는 모습은 아이의 마음을 편안하게 한다.
- 마음 놓고 편히 지낼 수 있는 환경에서 아이의 '생각'이 자란다.
- 부부가 함께 무언가에 몰두하는 시간을 갖자.

"마음은 그렇지 않은데,
입만 열면 싸워요"

❤︎♪♫♩♩♩

부부가 'YOU'가 아닌 'I'를 주어로 할 때,
아이는 배려를 배운다

부부간에 대화가 부족하다고 생각된다면 먼저 '대화를 해야해!'라는 생각부터 버려야 합니다. 모순이지요? 그런데 대화 요령을 알지 못한 채로 억지로 이야기하려고 들면, 상대방을 화나게 하거나, 상처를 입혀 오히려 역효과가 납니다.

우선은 대화의 양을 늘리기보다 자신이 바라는 이상적인 가족의 모습부터 떠올리세요. 이상적인 나의 모습, 내가 되고 싶은 아버지의 모습, 내가 되고 싶은 어머니의 모습부터 구체적으로 그려보세요. 처음에는 대화보다 이 과정을 먼저 밟는 것이 더 쉽고 건설적입니다.

여러분은 어떤 가족이 되고 싶나요? 휴일에 뒹굴뒹굴 누워 있는 남편이나 아내? 휴일에도 일하는 부부? 아니면 공원에 나가 아이와 놀면서 시간을 보내는 부모? 혹은 서로에게 위안을 주는 존재?

저는 식구들과 침대 위에서 뒹구는 시간이 가장 행복합니다. 그런데 어느 한쪽은 편히 쉬고, 어느 한쪽은 집안일을 한다면 마음이 편할 리 없겠지요? 이상적인 가족의 모습을 그릴 때는 내가 하고 싶은 일은 상대도 하고 싶고, 내가 하기 싫은 일은 상대도 하기 싫어한다는 점을 반드시 염두해야 합니다.

"집안일은 아내 몫이니까, 휴일에도 하는 것이 당연하다고 생각했고, 또 그걸 본인이 좋아한다고 생각했어요."

이렇게 말하는 남편들이 있습니다. 이건 아주 고리타분한 생각입니다. 다들 아시겠지만, 몇 십 년 동안 이러한 결혼생활을 한 부부들 중에는 황혼이혼을 하는 경우가 많습니다. 육아는 결코 쉬운 일이 아니지요. 여기에 집안일까지 아내 혼자 짊어져야 한다면, 그 부담이 너무도 큽니다. 집안일은 가족 모두가 함께 해야 하는 일입니다.

대화가 싸움으로 번지는 이유

자신이 원하는 이상적인 가족의 모습을 그려보셨나요? 그럼 이제는 불평이나 요구사항은 빼고, 자신의 바람을 말로 전달해보세요. 부부가 서로 이상적으로 생각하는 가족의 모습에 대해 대화하면, 아이는 그 모습을 보고 상대방의 감정을 자극하지 않고 자신의 의견을 전달할 줄 아는 사람으로 성장합니다.

'상대방에게 상처를 입히지 않고 자신의 의견 전달하기', 사실 일본인은 이런 대화에 취약하지요. 상대방의 감정을 너무 살피는 탓에 오히려 자신의 의견을 말하지 못하는 사람이 아주 많습니다. 혹은 그 반대로, 가족이라는 이유로 자신의 의견을 지나치게 직설적으로 말하는 탓에, "입만 열면 남편(아내)과 싸워요. 그래서 아예 말을 안 해요"라며 답답해하는 부부도 많습니다.

입만 열면 싸운다? 왜 그럴까요? 요구사항부터 입에 올리기 때문입니다. 요구사항이란, 뒤집어서 말하면 상대방의 행동을 비난하는 말입니다.

① 요구사항 : "집안일 좀 도와."

= 비난 : "당신은 집안일을 전혀 하지 않아."

② 요구사항 : "좀 다정하고 따뜻하게 대해줘."

= 비난 : "당신은 다정하고 따뜻하지 않아."

원하는 바를 제대로 전달하려면

물론 자신이 원하는 바는 전달해야 합니다. 그럼, 어떻게 해야 할까요? 혹시 지금까지 이런 화법을 쓰진 않았나요?

"당신은 ○○해야 해."

"당신은 자기 시간이 있어서 좋겠네."

"당신은 손 하나도 까딱 안 해."

"당신도 ○○해!"

이런 말을 들으면 누구든 하고자 하는 마음이 싹 사라집니다.

You를 주어로 이야기를 시작하면 상대방을 비난하거나 멋대로 상대방을 '○○한 사람'으로 규정 짓고, 자신의 진짜 생각은 전달되지 않습니다. 게다가 계속해서 상대방을 '○○한 사람'이라고 단정하면 상대방이 정말로 그런 사람이 되어 이상적인 부부로 변할 기회를 놓치죠. 자신의 바람을 전달

할 때는 'You(당신)'가 아니라 'I(나)'를 주어로 이야기해야 합니다.

"나는 이런 부부가 되고 싶어."

"나는 내 시간을 가지고 싶어."

"나는 가끔 휴일이면 늦게까지 잠을 자고 싶어."

"나는 당신과 손을 잡고 걷고 싶어."

이렇게 이야기하면 비난이 들어가지 않습니다. 비난 없이 있는 그대로 자신의 의견을 전달하는 부부는 상대방의 감정을 배려하므로 그 아이도 남을 생각할 줄 아는 사람으로 자랍니다.

MEMO _____

- 상대방의 성격이나 능력을 규정하지 말자.
- 요구사항은 "~을 함께 하고 싶어"라는 말로 바꿔서 전달하자.
- 상대방에게 생각할 여유를 줄 수 있는 말을 사용하자.

"내가 얼마나 힘든지
몰라줘요"

부부가 서로의 어려움을 알리려고 노력하면,
아이는 표현의 중요성을 깨닫는다

자신의 바람을 말로 표현했다면, 이번에는 상대방이 잘 모르
는 자신의 상황을 말로 설명해보세요. 상대방이 알기 쉽게 자
신이 겪는 어려움을 객관적으로 자세히 풀어서 설명해야 합
니다. 부부가 대화를 나누며 서로의 처지를 이해하려고 노력
하면, 아이는 그 모습을 보면서 말로 표현하는 것이
얼마나 중요한지를 배웁니다. 감정적으로 상황을 해결
하려는 것이 아니라, 객관적으로 상황을 보려고 노력하며, 그
에 맞게 대처하는 사람으로 성장하지요.

만약 남편과 집안일을 같이하고 싶다면 집안일이 어느 정도인지를 말로 표현해보세요. 공책에 적는 방법도 좋습니다. 예컨대 쓰레기를 버리는 일이라면 아래와 같이 자신이 하는 작업을 세세하게 나눕니다.

- 쓰레기를 쓰레기통에 버린다.
- 각 방의 쓰레기를 한 곳으로 모은다.
- 일반 쓰레기와 음식 쓰레기를 모아 내다버린다.
- 재활용 쓰레기를 분리한다.
- 지정된 날짜에 재활용 쓰레기를 내다버린다.
- 쓰레기봉투를 사온다.

가정별로 더 많은 작업이 있을 수 있습니다. '직접 해본 사람이 아니면 알 수 없는' 세세한 부분을 말로 설명하거나 글로 적어 보여주었다면, 이번에는 서로가 어느 정도 담당하고 있는지 같이 확인해보세요. 분명, 어느 한쪽이 더 많은 일을 담당하고 있음을 깨닫게 될 겁니다. 이 단계에서는 상대방이 맡은 육아나 자잘한 집안일, 혹은 직장에서의 어려움 등을 서로 헤아려 이해해주는 것이 중요합니다.

사소한 집안일도 헤아린다

예를 하나 더 들어볼까요? '아이 목욕시키기'도 혼자 할 때와 부부가 같이할 때가 많이 다릅니다. 혼자서 목욕을 시킬 때는 먼저 자기 옷을 벗고, 아이 옷을 벗긴 후, 아이가 탕에서 몸을 덥히는 동안 자기 몸을 씻어야 합니다. 아이가 탕에서 지루하지 않게 장난감도 넣어주고 대화도 주고받으면서, 자기 몸을 얼른 씻은 후에 아이를 씻기고 나오지요. 비록 자기 몸에서는 물이 뚝뚝 떨어져도 감기에 걸리면 안 되니까 아이부터 물기를 닦아주고 옷을 입혀야 합니다.

이런 일을 날마다 반복한다면 어떤 기분이 들까요? 목욕도 마음 편히 못한다는 불만이 쌓이지 않을까요?

"저희 집에서는 제가 아이 목욕을 담당해요."

이렇게 자랑하는 남편들도 많습니다. 그런데 그 내막을 들여다보면 아내가 많은 부분을 도와주어서 목욕시키기가 수월하다고 생각하는 경우가 대부분입니다.

"힘든 건 내가 다하고, 남편은 정말 치사해!"

아내가 투덜거리는 것도 무리는 아니지요. 아내가 하는 아래와 같은 일을 눈여겨 봐주세요.

- 남편이 탕에 들어간 동안 아이 옷을 벗겨 욕조로 데려 간다.
- 목욕을 끝내고 집 안을 뛰어다니는 아이를 따라다니며 물기를 닦아준다.
- 감기에 걸리지 않게 옷을 입힌다.

이러한 부분을 아내가 담당하고 있음을 염두에 두고, '혼자서 날마다 아이를 씻기는 일이 쉬운 일은 아니구나' 하며 이해하는 마음을 가졌으면 합니다.

서로의 하루를 상상할 수 있게 자세히 말로 전달하자

직장에서의 일이 바빠지면 "오늘도 야근이야"가 아니라 조금 더 구체적으로 이야기해야 합니다.

"맡은 일을 끝내야 해서 다음주까지는 늦게 집에 들어갈 것 같아. 이번에 중요한 프로젝트가 있는데 그 일을 맡게 되었거든. 중요한 시기니까 이해해줘."

이렇게 '현재 상황'과 '기간'을 모두 이야기해야 상대방도 자신의 계획을 세울 수 있습니다. 서로가 상황을 알려서 이해받는 습관을 길러보세요.

직장일이니까 집에는 이야기할 필요가 없다고 생각하나요? 그렇지 않습니다. 그건 옛날 생각입니다. 직장일의 어려움이나 즐거움, 혹은 보람 등을 가족에게 이야기하면 아이에게 일의 의미도 알려줄 수 있고, 아이의 올바른 직업관 형성에 도움을 줄 수도 있습니다.

'말 안 해도 알겠지.'

'굳이 뭘 이야기해.'

'내가 알아서 하면 되지.'

이런 생각은 버리세요. 이런 생각으로 말하지 않는다면,

말을 한 마디도 안 하는 부부로 바뀌거나 어느 날 갑자기 아내나 남편이 분노를 터뜨릴 겁니다. 실제로 이런 부부가 아주 많습니다. 그리고 이런 부부의 대다수가 '그때 말해주면 좋았을 걸' 하고 후회하지요.

후회하고 싶지 않다면, 부부 사이가 멀어지기를 원하지 않는다면, 지금 자신의 상황과 느끼는 점을 구체적으로 전달해보세요.

MEMO _____

- 사실을 전부 말하고, 그것을 두 사람의 과제로 삼는다.
- 불만이나 의문점은 바로 이야기한다.
- 상황을 전달할 때는 구체적으로 설명한다.

혼자만 끙끙 앓는
일이 이제 지쳐요

부부가 서로 도움을 요청하면,
아이는 고민을 털어놓는 법을 배운다

'내가 열심히 하면 되지', '내가 참고 말자…'

집이나 직장에서 이런 생각을 하기 쉽습니다. 하지만 부부 사이에서 참는 것만이 능사는 아닙니다. 혼자서 할 수 있는 일에는 한계가 있고, 계속해서 참으면 피로감과 허무감이 몰려오기 때문이지요.

우리는 남에게 도움을 요청하거나, 남을 의지할 줄도 알아야 합니다. 서로 도움을 요청하는 부모의 대화를 들으며 자란 아이는 어떤 문제가 생겼을 때 혼자 끙끙 앓지 않고 "도와주세요"라고 솔직하게 부탁할 줄 아는 사람으로 성장합니다. 아이가 필요할 때는 다른 사람을 의지해도 되고, 힘들 때는 솔직하게 말해도 된다고 느끼면서 자랄 수 있게 부부가 먼저 서로에게 마음을 표현해보세요.

우리 세대는 '남에게 피해를 주지 말라'는 교육을 받으며 자랐습니다. 그래서 많은 사람이 아무리 힘들어도 남에게 기댈 줄을 모르고, 불합리한 요구에도 자신의 목소리를 낼 줄 모릅니다. 아이를 키울 때도 혹시 자신의 아이가 남에게 피해를 주지는 않나 전전긍긍하지요.

하지만 가만히 생각해보세요. 산다는 것 자체가 도움을 주고받는 일입니다. 이를 받아들이고, 서로가 조금씩 폐를 끼

치더라도 너그럽게 이해하며 살았으면 좋겠습니다. 누군가를 의지하거나, 누군가가 자신에게 의지하는 것을 받아들이면 누릴 수 있는 기쁨도 그만큼 많아집니다. 본래 인간은 누군가에게 도움이 되거나 누군가를 응원하는 데서 기쁨을 느끼는 존재니까요. 그리고 이런 감정은 삶의 원동력으로 작용합니다.

우선은 배우자를 의지해보세요. 배우자에게 약한 모습을 보여주고 싶지 않다면, 자신이 겪고 있는 상황을 설명하는 일부터 시작해보세요. 겉으로 내색은 안 해도 부부는 항상 자신의 배우자를 알고 싶어 합니다. 배우자에게 의지하고 싶어 하고, 배우자를 응원하고 싶어 하지요.

상대가 쉽게 받아들일 수 있는 부탁 방법

상대방에게 기댈 때 주의점이 있습니다. 이기적인 주장이나 요구는 빼고, 자신이 힘들다는 사실만 말로써 전하고 이해받아야 합니다.

"쓰레기 정도는 당신이 버려. 당신은 아무것도 안 하잖아."

"당신은 온종일 집에서 노니까, 바깥에서 일하는 게 얼마나 힘든지 몰라."

이렇게 말하면 안 됩니다.

"이걸 나 혼자 하기에는 힘에 부쳐. 많이 힘들어. 도와주었으면 좋겠어."

"직장에서 맡은 일이 있다 보니 이번 달 안으로 실적을 올려야 해. 사실, 지금 좀 힘들어. 당신도 힘들 텐데 이런 소리해서 미안해"

이처럼 자신이 힘들다는 사실만 알려서 이해받아야 합니다. 서로 도와서 이 고비를 잘 넘겨야겠다고 상대방이 마음먹을 수 있도록, 되도록 짜증내지 말고 설명해보세요.

혼자가 아니라는 생각이 들면 마음이 놓인다

한 남편이 아내에게 처음으로 토란국을 끓여주고 이런 말을 했다고 합니다.

"토란 껍질을 벗겼더니 정말로 손이 간지럽더라. 당신도 매번 그랬을 텐데…, 고마워."

이 여성은 남편이 직접 경험하고 마음으로 느껴서 해준 '고맙다'는 말이 토란국을 끓여준 행동보다 훨씬 더 기뻤다고 합니다. 역시, 내 마음이나 내 상황을 알아주는 것이 최고지요. 당장 상황이 바뀌지는 않아도 "정말 힘들겠다"라는 공감을 받으면 그것만으로도 마음이 많이 가벼워집니다.

혼자서만 끙끙 앓으며 감당하려 하지 말고, 서로 대화하며 고민하는 것이 중요합니다. '남편 VS 아내'가 아니라, '부부 VS 문제'라는 시각을 가지세요. 부부간의 유대 관계가 돈독해집니다.

MEMO _____

- 상대방이 이해할 수 있도록 자신의 힘든 점을 설명하자.
- 문제가 생기면 부부가 같이 해결하자.
- 서로 의지하는 가족이 되자.

3장

"할 일이 많은데,
남편이 게임만 해요"

부부가 묵인이 아닌 인정의 말을 할 때,
아이는 리더로 성장한다

자, 이 단계까지 왔다면 '이제 대화해야지!'라고 마음먹지 않아도 자연스럽게 대화가 늘었을 겁니다.

- 목적(미래) : 자신이 이상적이라고 생각하는 부부의 모습이나 바람
- 현실(현재) : 자신이 처한 실제 상황

부부는 미래와 현실을 공유합니다(불만이 많더라도 과거는

눈 딱 감고 잊어주세요). 이제는 둘이서 앞으로의 '과제'를 찾아서 해결법을 논의해야 합니다. 이때 주의점이 있습니다.

부부는 어떤 약속을 하고서 그것이 잘 지켜지지 않으면 "빨래는 당신이 하기로 했잖아. 약속해놓고 왜 안 해? 빨리 해!" 하고 한쪽이 다른 한쪽에게 자신의 요구사항을 따지기 쉽습니다. 하지만 과제를 정해서 해결하려고 할 때는 불만부터 터뜨리지 말고 '상대방을 인정하는 말'부터 건네야 합니다.

엄마, 아빠가 서로 인정하는 모습을 보이면 아이는 리더가 갖추어야 할 역량을 익힐 수 있습니다. 리더에게 필요한 것은 자신의 생각을 상대방에게 밀어붙여서 관철시키는 힘이 아닙니다. 리더에게는 자신의 생각을 관철시키기 위해 상대의 좋은 점을 솔직하게 인정하고 그것을 자신에게 적용하여 성장해나가는 유연함이 필요합니다. 리더가 이런 모습을 보이면 그 주변 사람들은 자신을 알아준 리더를 존경하고 응원하며 함께 커나가고 싶어 합니다.

'묵인'은 인정이 아니다

그렇다면 무엇이 '인정'일까요?

상대방이 어떤 행동을 할 때 말없이 그냥 두는 것을 '인정'으로 착각하는 사람이 많습니다. 하지만 '묵인'은 인정이 아닙니다.

예를 들어, 아내가 집안일을 하고 있는데 남편은 스마트폰으로 게임을 하고 있습니다. 아내는 남편과 함께 집안일을 하고 싶지만, '그래, 잠깐은 하게 해주자' 하고 말없이 넘어갔습니다. 그리고 한 시간이 지났습니다. 아내는 여전히 게임을 하는 남편의 모습에 화가 나서 강한 어조로 비난을 퍼붓습니다.

"왜 게임만 하고 있어? 나 혼자 집안일 하는 거 안 보여? 좀 돕든지, 아니면 애들하고 놀아주든지 해야지!"

아내로서는 남편에게 한 시간이나 게임을 하게 해줬는데 너무한다는 생각이 듭니다. 남편도 그럴까요? 남편은 아내가 갑자기 화를 낸다고 생각할 겁니다.

그렇다면 과연 어떻게 하면 좋았을까요?

"당신 뭐 해? 게임해? 재미있어 보이네. 나는 음식을 만들 테니까 그 게임 끝나면 좀 도와줘."

이렇게 우선은 상대방이 하는 행동을 인정하는 말, 즉 게임이 재미있어 보인다는 말부터 건네야 합니다. 그리고 30분 후에, "아직 안 끝났어? 나 혼자서는 힘든데, 좀 도와줘"라고 부탁하면 상대방도 상황을 이해하고 스마트폰을

내려놓게 됩니다. 이처럼 인정과 달리 묵인은 아무런 효과가
없으니 주의하세요.

MEMO _____

- 말없이 혼자 생각하는 것은 상대방을 인정하는 것이 아니다.
- 사람은 인정을 받으면 움직인다.
- 상대방을 인정할 수 있는 사람은 신뢰를 얻는다.

"자꾸 싸우는 모습만 보여줘서
아이에게 미안해요"

♥ ♪ ♪ ♪ ♪ ♪

부부가 화해하는 과정까지 보여주면
아이는 대화로 문제를 해결하는 법을 배운다

상대방에게 인정하는 말을 했다고 해서 그 사람이 바로 바뀌지는 않습니다. 자신을 바로 바꾸기는 어려운 일이지요. 그래서 부부는 잘하려는 마음이 있어도 싸우게 됩니다.

이쯤에서 '부부싸움'의 의미를 한번 생각해보지요. 부부싸움이란 배우자를 '비난하고 상처 입히는' 일일까요? 그런 행동은 절대로 하지 말아야 합니다. 누구 앞에서든 건설적인 모습이 아니지요. 말이나 힘으로 상대방을 다치게 하는 것은 싸움이 아니라 '폭력'입니다. 말이나 힘으로 서로 상처 입히

는 부모의 모습은 아
이의 두뇌발달에도
부정적인 영향을 끼
칩니다.

많은 사람들이 아이
앞에서는 절대로 싸우지
말아야 한다고 말합니다.
하지만 저는 건설적인 부

부싸움은 때때로 괜찮다고 생각합니다. 부부가 싸울 때는 억
누를 수 없는 감정에 짓눌려 자신의 생각을 울부짖기도 하지
요. 이것은 이상적인 부부가 되고 싶어서, 상대방에게 이해받
고 싶어서 나름 애쓰고 있기에 나오는 행동입니다. 만약 서로
이해하려는 마음이 없다면, 이해받을 수 있다는 믿음이 없다
면, 아마 하고 싶은 말이 있어도 내뱉지 않을 겁니다.

싸움은 마지막이 중요하다

단, 아이를 키우는 부모로서 '싸우고 난 이후의 행동'에는
주의해야 합니다. 부부싸움을 했다면 그래서 무엇을 알게 되

었는지, 앞으로 어떻게 하면 좋을지를 서로 이야기하며 화해해야 합니다. 그런 모습을 아이에게 모두 보여주는 것이 가장 바람직합니다.

"나는 ○○하고 싶다고!"

"진짜 말이 안 통하네."

이 상태에서 끝내지 마세요.

"그럼 ○○하는 건 어때?"

"응, 그게 좋겠어."

"감정적으로 이야기해서 미안해."

"아니야, 이렇게라도 알게 돼서 다행이야. 말해줘서 고마워."

이렇게 화해하는 모습까지 전부 보여주세요.

흔히 아이 앞에서는 싸우지 말라고 하지만, 싸우는 모습을 보지 못한 아이는 올바른 싸움 방법을 익히지 못한 채 성장합니다. 그리고 자신의 의견을 관철시키려고 감정적으로 상대방을 비난하며 일방적으로 몰아붙이는 사람으로 성장할지도 모릅니다. 그러나 이는 남을 괴롭히는 이기적인 행동이지요.

엄마와 아빠가 때로는 감정적으로 자신의 생각을 내뱉더라도 상대방의 이야기를 받아들여 서로 양보하면서 답을 찾

아내려는 모습을 보이면, 아이도 이를 본받아 자신의 생각을
전달하면서 타인의 생각도 들을 줄 아는 사람으로 성장할 겁
니다.

MEMO _____

- 말로 상처 주는 싸움은 그만하자.
- 싸운 후에는 부부가 함께 답을 찾아내자.
- 상대방의 속마음을 들어주고, 그 모습을 아이에게 보여주자.

"부모는 항상 완벽해야 된다고 생각해요"

❤ ♪ ♩ ♩ ♩ ♩

부부가 속마음을 드러낼 때,
아이는 TPO에 맞춰 말하고 행동하게 된다

아이가 집 안에서와 집 밖에서 보이는 모습이 다르다고 걱정하는 부모가 많습니다. 아마도 솔직한 사람이 되어야 한다는 생각 때문이겠지요. 하지만 안팎의 행동이 달라도 너무 염려할 필요는 없습니다. 집 밖에서 보이는 모습은 상대방에 대한 배려나 사회규범을 고려한 행동일 때가 많으니까요. 남에게 이해받기 위해서는 오히려 상황에 따라 말이나 행동을 가리며 원활한 인간관계를 구축하는 편이 낫습니다.

다만, 원활한 인간관계만 중요시되다 보면 겉으로 드러나는 모습에만 치중하여 자신의 진심을 드러내지 못하거나, 심한 경우에는 아예 남들과 대화하기를 꺼려할 수도 있습니다. 적어도 집에서만큼은 자신의 본모습이나 못난 점을 있는 그대로 내보이는 것이 좋습니다.

자신의 부족한 면을 드러내거나 상대방의 못난 점을 확인하는 것이 불안한 사람도 있을 수 있습니다. 하지만 본래 우리 인간은 부족한 부분을 누군가에게 이해받아야 균형 있게 살 수 있습니다. 밖에서 강하고 멋진 모습을 보여주려고 애쓰는 만큼 집에서는 편하고 솔직한 모습으로 있어야 하지요.

엄마 아빠도 언제든 이해받을 수 있는 사람

'항상 바람직한 아빠의 모습을 보여야 해!'
'엄마로서 이런 흐트러진 모습을 보이면 안 돼!'
이런 생각은 접어두세요. 가족에게 못난 모습을 좀 보이더라도 밖에서는 제 역할을 다하고 있으니 자신을 몰아붙이지 않았으면 좋겠습니다. 부부가 자신의 부족한 점을 이야기하고 서로 이해하면 아이는 그 모습을 보면서 '나도 언제든 이해받을 수 있어' 하고 안심하게 됩니다.

아이가 집에서 진심을 이야기하고 솔직하게 행동할 수 있도록 분위기를 조성해주세요. 이런 환경에 있는 아이는 성장하면서 TPO(Time 시간, Place 장소, Occasion 상황)에 맞춰 말하고 행동하게 됩니다.

자신의 모습을 생각해보세요. 집에서는 뒹굴뒹굴 쉬다가도 직장에 나갈 때는 옷을 갈아입고 매무새를 정리하지요? 전화가 걸려오면 평소와 다른 목소리로 공손하게 받습니다. 아이는 집 안과 집 밖에서 부모의 행동이 다르다는 걸 항상 주시합니다.

아이가 집 안에서와 집 밖에서 하는 행동이 많이 다르다고 걱정하지 마세요. 안과 밖을 구분할 줄 아는 것이니 오히려 칭찬할 일입니다.

MEMO _____

- 집은 자신의 솔직한 모습을 드러낼 수 있는 장소이다.
- 진심을 잘 전달하려면 때와 장소를 가려서 말할 줄 알아야 한다.

"회사에서의 스트레스
때문에 힘들어요"

부부가 상대방의 입장에서 얘기하면,
아이도 자기만의 판단기준이 생긴다

우리는 "다른 사람을 험담하면 안 된다"라고 배웠습니다. 하지만 가족간에는 험담도 필요합니다. 아래와 같은 장점이 있기 때문이죠.

- 가슴 속에 쌓인 감정을 토해내어 후련해진다.
- 자기 자신을 돌아볼 수 있다.

집 안에서 감정을 풀 수 있다면, 그만큼 집 밖에서는 남의

욕을 덜하게 되겠지요. 물론 험담에도 규칙은 필요합니다. 가정에서는 다음의 네 가지를 약속하는 편이 좋습니다.

① 남에게 소문내지 않는다.
② 일방적으로 SNS에 올리지 않는다.
③ 자신을 돌아본다.
④ 험담한 상대방의 '좋은 면'도 생각해본다.

집 안에서 남을 욕했더라도 감정이 가라앉은 후에 그 사람의 '좋은 면'도 생각해보거나, 그 사람의 처지를 이해해본다면 어떨까요? 그 사람 때문에 왜 화가 났는지를 이야기하면 아이는 그 모습을 보면서 무엇이 사람을 화나게 만들고, 자신이 사람들 사이에서 어떻게 처신해야 하는지를 생각하게 됩니다. 그러면서 자기만의 판단기준을 세우지요.

흔히 부모는 훈계하는 말로 선악을 가르치려고 듭니다. 그러나 아이는 주로 일상생활에서 엄마와 아빠가 감정적으로 나누는 대화를 들으며 무엇이 좋고 나쁜지를 배웁니다. 단, 주의점이 있습니다. 감정이 상해서 다른 사람을 욕했더라도, 항상 '그 사람의 좋은 면이나 그 사람이 처한 상황을 이해하는 말'로 대화를 끝내는 편이 좋습니다.

험담으로 알게 되는 것

부부간에 남의 험담을 하면 상대방이 무엇에 화를 내고, 무엇을 마음에 들어 하지 않는지를 알게 됩니다. 예를 들지요.

"A과장님이 사람들도 다 있는데 나보고 '아이가 좀 아프다고 쉬겠다니, 자네는 일할 생각이 없나 보지?', 이러지 뭐야? 정말 기가 먹혀! 남 괴롭히는 것밖에 할 줄 모르는 영감탱이 주제에!"

이 말을 한 아내는 무엇 때문에 화가 난 걸까요?

- 자신에게 중요한 일을 공감해주지 않아서(아이가 아픈 것은 큰일이다).
- 일을 중요하게 여기고 있는데 이를 알아주지 않아서 (쉬고 싶어서 쉬는 것이 아니다).
- 망신을 줘서(사람들 앞에서 말했다).

위와 같은 점들을 생각해볼 수 있습니다. 아내에게서 이런 말을 들었다면 남편은 앞에서 언급한 ③번, 즉 자신을 돌아보는 계기로 삼는 편이 좋지요. 남편은 상사로서 '나도 부하직원에게는 이런 말을 하지 말아야겠다' 하고 다짐할 수도 있고, '아이가 아프면 아내가 이렇게 힘들어지는구나. 다음에는 내가 쉬어야겠다' 하고 아내의 상황을 이해할 수도 있습니다.

이번에는 남편이 이런 말을 했습니다.

"○○씨 말이야. 집에 돌아가면 아내가 아이들에게 잔소리도 심하게 하고, 화도 많이 내나봐. 그런 아내와 어떻게 사는지 몰라. 직장에서 열심히 일하고 피곤한 몸으로 집에 들어갔는데 집 분위기가 계속 그렇다면…."

이 말 속에는 어떤 생각이 담겨 있을까요?

- 엄마는 따뜻하고 다정해야 한다(엄마가 신경질을 내면 아이들이 불쌍하다).
- 집은 피로를 풀고 위안받을 수 있는 장소여야 한다(긴장되고 눈치 보는 가정은 싫다).

남편의 말에는 가치관과 이상향이 담겨 있습니다. 이 말을 들은 아내는 '나도 아이에게 짜증을 덜 내야겠다'라고 알아차리지요.

상대방이 처한 상황을 이해하는 말도 필요

만약 부부가 평소에 서로의 상황을 잘 이해하거나, 부부사이가 돈독하다면 '다른 관점'에서 이야기를 덧붙일 수도 있습니다.

"하지만 상사도 갑자기 일을 쉬어야 한다는 소리를 들으면 난처할 거야. 그 일을 다른 사람에게 지시하는 악역을 맡아야 하잖아."

"아내가 왜 화를 내는지 그 이유를 알아주지 않는 ○○씨도 잘못이 있어."

아이가 이러한 험담을 듣게 된다면 만약을 생각해서 "이건 우리 가족만 알고 다른 사람에게는 말하지 말자"라고 꼭 이야기해주세요.

MEMO _____

- 상대방이 험담하는 이유를 생각한다.
- 내 말과 행동을 돌아보는 계기로 삼는다.
- 항상 다른 관점에서도 생각한다.

"YES? NO?
진짜 마음이 뭘까요?"

💗 🌙 ⌣ ⌣ ⌣ ⌣

부부가 말 속의 숨은 뜻을 헤아리면,
아이는 자신의 생각에 딱 맞는 표현을 배운다

아이가 어떤 일을 싫다고 하면, "싫어? 싫으면 하지 마!"라고
대답하는 부모가 많습니다. 그런데 아이의 '싫다'는 말은 그렇
게 단순하지가 않습니다.

'지금은 싫어.'

'혼자서는 싫지만 엄마가 같이 해준다면 해볼게.'

'사람들 앞에서는 싫지만, 나 혼자 할 수 있다면 해볼게.'

'계속하는 건 싫지만 한 번은 괜찮아.'

아이는 이런 생각들을 제대로 표현할 말을 아직 알지 못

하기에, 그냥 '싫다'고 말하는 것입니다. 이럴 때 부모는 말을 보태서 생각을 제대로 표현할 수 있게 도와주어야 합니다.

여러분은 어떠세요? 상대방의 말에 감춰진 속내를 짐작해보고, 그 속내를 제대로 알기 위해 말을 보태며 대화를 나눈 적이 있나요?

짐작에서 대화를 끝내면 안 된다

상대방에게 "집에 오는 길에 우유 좀 사다줘"라고 부탁했는데, 상대방이 퉁명스럽게 "어!"라는 반응을 보였습니다. 어떤 생각이 들까요?

- 우유를 싫어하나?
- 귀찮은가?
- 예상치 못한 부탁이기는 하지만, 사다준다는 뜻이겠지.
- 사다줄 수 없으니까 나보고 직접 사라는 말이구나.
- 어려운 부탁도 아닌데 "알았어"라고 대답하면 안 되나?

여러 가지로 해석할 수 있겠지만, 정확한 의미는 대답한 본인만 알고 있습니다. 이럴 때는 좀 더 대화를 나누며 상대방의 뜻을 확인하는 편이 좋습니다. 멋대로 상상해서 말의 숨은 뜻을 단정 짓는 것은 어리석은 행동입니다. 괜히 혼자 마음 상해서 "아, 됐어" 하고 돌아서지 말고, "왜? 혹시 바빠? 마트가 11시까지 열려 있으니까 그때까지만 사다주면 되는데" 하고 상대방의 처지를 헤아려서 말을 보태가며 대화를 더 나누어보세요. 부부가 이런 식으로 본을 보이면 아이는 자신의 생각을 전달하는 딱 맞는 표현을 배우며 자라게 됩니다.

MEMO _____

- 상대방의 말을 곧이곧대로만 받아들이지 않는다.
- 상대방의 말을 안 좋은 쪽으로만 해석하지 않는다.
- 대화를 나누며 상대방의 생각을 확인한다.

"우리 남편은 제게
고맙다는 말을 안 해줘요"

부부가 상대방이 듣고 싶어 하는 말을 할 때,
아이는 배려할 줄 아는 사람으로 성장한다

우리 남편은 "고마워" 소리를 하지 않는다고 불평하는 아내가
많습니다. 고맙다는 말은 중요합니다. 부부가 서로 "고마워"라
는 표현을 많이 하면, 아이도 자연스럽게 감사 인사를 할 줄
아는 사람으로 자라니까요. 그래서 많은 분이 아이를 위해 이
런 노력을 합니다.

- 자신이 먼저 고맙다는 말을 자주 하며 본을 보인다.
- 만약 남편이 물을 달라고 하면 고맙다고 할 때까지 잔

을 건네주지 않는다.

하지만 얼마 지나지 않아 우리 남편은 절대 바뀌지 않는다고 고개를 젓습니다. 남편을 대상으로 한 강좌에서 이 이야기를 하면 다들 "그래요? 몰랐는데요?"라며 놀랍니다. 아내에게 시키거나 아내가 해주는 것을 너무 당연하게 여겨서 아내의 이런 노력을 알아채지 못했던 것이지요. 남편들은 이런 불만도 말합니다. "아내는 제가 집에 돌아와서 현관문을 열자 마자 '여보, 오늘 하루도 집안일을 해줘서 고마워!' 하고 말하기를 강요하는 것 같아요."

아내를 대상으로 한 강좌에서 "남편이 듣고 싶어 하는 고마워 소리를 자주 하느냐"라고 물어보면, "아니요, 별로 해준 적이 없어요"라고 대답하는 분이 많습니다. 아내 역시 남편의 헌신을 너무 당연하게 여겨서 고맙다는 말을 하지 않는 것이지요. 아내나 남편이나, 피차일반입니다.

당연하다고 여기면 고맙다는 말이 나오지 않습니다. '자신이 듣고 싶은 말'만 요구하는 것은 상대방의 처지를 생각하지 않는 처사입니다. 내가 듣고 싶은 말은 상대방도 듣고 싶어 합니다.

그렇다면, 아내와 남편은 어떤 말을 듣고 싶어 하고, 어떤 말을 들었을 때 기뻐할까요?

아내가 기뻐하는 말 1위
"내가 할게"

아내들은 "내가 (대신) 할게"라는 말을 제일 좋아합니다. 흔히 아내의 일이라고 여기는 것들, 이를테면 집안일이나 육아를 남편이 대신하겠다고 나서면 아내로서는 정말 기쁘고 고마운 마음이 듭니다.

반면에 "힘들면 좀 쉬어", "천천히 해"와 같은 말들은 조심해야 합니다. 언뜻 들으면 아내를 생각해서 하는 말 같지만, 아내로서는 오히려 화가 납니다. 쉬었다 하든지, 천천히 하든지, 할 일은 쌓일 뿐 없어지지 않습니다. 남편의 말은 결국 그 쌓인 일을 나중에 자기에게 하라는 뜻이니 마음이 편할 리 없지요. 정말로 아내를 위한다면 "내가 대신 할게"라는 말을 건네보세요.

"아이 데리고 공원에서 놀다올 테니까, 당신은 좀 쉬어."

"뒷정리와 장 보는 건 내가 할 테니까, 당신은 일찍 쉬어."

"저녁은 뭐 먹을까? 내가 만들게. 당신은 ○○연습 잘 하고 와."

　이렇게 부담을 줄이는 말이 좋습니다. 또한, 아내를 도우려면 아무 말 없이 그냥 해주기보다, 미리 말해두는 편이 좋습니다. 그래야 아내도 계획이나 일정을 조정할 수 있으니까요.

　"내가 뭘 해주면 좋을까? 어떻게 해야 하는지 알려주면 내가 할게."

　이렇게 말하면 만점입니다. 그냥 세탁기를 돌리기보다 "이거와 이거는 따로 빨아야 하지?"라고 아내의 방식을 존중하면서 일을 거들면 아내는 마음을 놓고 다른 일을 할 수 있습니다. 남편도 그러면서 가사능력을 키울 수 있지요. 혼자만의 생각으로 집안일이나 육아를 돕기보다 아내가 현재 어떤 도움이 필요한지 미리 이야기해서 우선순위를 정하는 것이 아내로서는 더 기쁜 일입니다.

아내가 기뻐하는 말 2위
"같이하자"

남편이 집안일과 육아를 아내와 함께 해야겠다는 의식이 있으면 아내는 가족을 지키는 한 팀으로서 남편을 신뢰합니다.

아내에게만 부담이 가해질 때와 달리, 짜증도 줄고 마음도 편해지지요. 예를 들어, "저녁 뭐야? 배고파, 빨리 줘"라는 말보다 "저녁 같이 만들자. 뭐 해먹을까?"라고 말하는 것이 아내가 남편을 한 팀으로 생각할 수 있는 좋은 말입니다.

꼭 음식을 같이 만들지 않더라도, 장을 함께 본다거나 상을 닦고 수저를 놓는 등 아내가 무언가를 할 때 그 주변 일을 도와주세요. 그러면 아내는 부부가 함께 하고 있다는 느낌을 받습니다. 실제로, 자신이 집안일을 할 때 남편이 항상 스마트폰이나 TV를 보고 있어 짜증이 난다고 불평하는 아내가 매우 많습니다. 한 사람에게만 집안일을 전담시키지 말고 서로 도와 빨리 끝낸 후 같이 편하게 쉬면 좋겠지요.

아내가 기뻐하는 말 3위
"해보니까 힘들더라. 고마워"

공감해주고 고맙다고 말하는데 싫어할 사람이 어디 있을까요? 남편이 직접 그 일을 해보고 진심으로 이야기해준다면, 아내는 행복할 겁니다. 야단스럽게 과장할 필요는 없습니다.

무나 배추 등 무거운 재료가 든 장바구니를 대신 들어줄 때, "무겁다. 장을 볼 때마다 당신이 힘들겠어. 게다가 ○○도 같이 데리고 다녀야 하잖아. 날마다 당신이 고생이네. 고마워"라고 말하는 정도면 충분합니다.

자, 이제는 남편이 기뻐하는 말을 알아볼까요?

남편이 기뻐하는 말 1위
"오늘도 일하느라 수고했어"

이것이 남편들이 가장 듣고 싶어 하는 말입니다. 아주 평범하지요? 혹시 너무 당연하게 여겨서 한 번도 말해본 적이 없진 않았나요? 남편의 헌신은 당연한 일이 아닙니다. 집안일도, 육아도, 밖에서 일하는 것도, 당연하다는 생각에 입을 다물어서는 안 됩니다. 부부이기에 더욱 입 밖으로 꺼내서 서로 인정해주고 고마워해야 합니다. 사람들은 흔히 자신도 하지 못하는 말을 상대에게만 요구하는 경향이 있습니다. 사람 마음은 다 똑같습니다. 내가 원하는 말은 상대방도 원하지요.

남편이 기뻐하는 말 2위
"항상 고마워"

역시 고맙다는 말이 빠질 수 없습니다. 남편이 직장에 나가고 집에 돌아와 집안일을 하는 것이 아내로서는 당연한 일일지라도 당신의 수고를 잘 알고 있다고, 항상 고맙다고 꼭 말로 전해야 합니다.

"남편은 아무 말이 없는데 나 혼자 그런 이야기를 하는 건 억울하죠."

이렇게 못마땅해하는 분도 계십니다. 하지만 한 연구결과에서, 남편이 아내에게서 고맙다는 말을 들으면 직장에서의 성과가 더욱 높아진다고 밝혀졌습니다. 억울하다는 생각은 내려놓고, 남편과 가정을 위해 감사의 말을 전해보세요.

남편이 기뻐하는 말 3위
"역시 우리 남편이 최고야"

"역시 당신이야!"라는 소리는 남편을 기쁘게 합니다. 남자는 일이 아무리 힘들고 어려워도 아내나 가족에게 그 사실을 쉽게 터놓지 못합니다(그냥 말해주면 좋을 텐데 말이지요). 어차피 말해도 잘 모를 거라는 생각에서 그럴 수도 있겠지만, 어쨌든 남자는 자신이 아무런 말을 하지 않아도 아내가 자신을 믿고 인정해주기를 원합니다. "뒷정리해줘서 고마워. 역시 우리 남편이 최고야!"라고 당신이 있어서 기쁘다는 이야기를 좀 더 자주 해보세요. 상대방이 기뻐하는 말은 날을 잡아서 거창하게 하기보다 평소에 짧게나마 자주 해주는 편이 더 좋습니다. 기분 좋은 말을 자연스럽게 주고받는 가정에서 자라는 아이는 행복을 느끼게 될 겁니다.

MEMO _____

- 어떤 말이나 행동을 상대방에게 요구하기 전에, 자신이 먼저 그렇게 하고 있는지 생각해보자.
- 상대방이 듣고 싶어 하는 말을 해주자.
- 거창한 말보다 일상적인 언어로 고마움을 전하자.

"돈 이야기만 나오면
싸워요"

부부가 가치에 관심을 두면,
아이는 '행복의 기준'을 발견할 줄 안다

여러분은 배우자와 물건을 사거나, 여행지를 결정하거나, 혹은 아이의 학원을 고를 때, 무엇을 가장 중요하게 여기나요? 아마도 돈이 판단의 기준이 될 때가 많을 겁니다. 하지만 돈으로만 가치를 판단하지 말고, 다양한 관점에서 부부가 함께 이야기를 나누었으면 합니다.

　새로운 시대를 살아갈 아이는 하나의 가치관에 얽매이지 않고 다양한 사고방식을 받아들일 줄 알아야 합니다. 오래된 전통을 계승할 필요도 있지만, 부모가 실제 생활에 맞게 가정을 꾸리면 아이는 그 모습을 보면서 미래사회에 맞는 가족관을 배우게 됩니다.

어떤 사람은 돈이 많이 들어서 가사도우미를 반대하지만, 어떤 사람은 체력과 시간을 더 가치 있게 쓸 수 있다며 가사도우미를 찬성하기도 합니다. 집안일에 시간과 노력을 들이는 사람도 있지만, 문명의 이기를 활용해서 그 시간과 노력을 가족과 보내는 데 할애하는 사람도 있습니다.

음식을 직접 만들어서 건강을 챙길 수도 있지만, 반찬가게를 이용해서 남는 시간을 다른 곳에 쓸 수도 있습니다. 장단점을 따지지 않고 그냥 자신이 좋아서 어떤 일을 계속할 수도 있지요.

흔히 아내가 더 집안일을 잘한다고 하지만 어느 가정에서는 남편이 더 잘할 수도 있습니다.

- 종이신문을 전자신문으로 바꾸어 쓰레기를 줄인다.
- 잠깐 동안 쓸 어린이용품은 대여해서 집 안에 물건이 쌓이지 않게 한다.
- 음료나 뿌리채소 등 무거운 품목은 배달 서비스나 택배를 이용한다.

부부가 여러 가지 관점에서 이야기를 나눈 후에 결정하면 불필요한 수고가 줄어 생활이 편리해집니다. 무엇보다도 이런 과정을 거치면 배우자가 무엇을 중요시하고 무엇을 지키고 싶어 하는지를 알게 되지요.

여러분은 자신의 배우자와 어떻게 살고 싶으세요? 다양한 시각에서 이야기를 나눠보세요.

MEMO _____

- 가격뿐만 아니라 다양한 관점에서 가치를 논하자.
- 힘들다고 짜증내지 말고, 편하게 지낼 수 있는 방법을 함께 이야기해보자.
- 자신의 배우자가 무엇을 중요시하는지 알아두자.

"다른 사람 앞에서
자꾸 창피를 줘요"

부부가 체면보다 가족을 소중히 여길 때,
아이의 마음속에 따뜻한 '결혼관'이 자란다

일본인은 다른 사람 앞에서 자신의 가족을 소홀히 대하는 문화에 익숙합니다. 하지만 이제는 부부가 협력해서 가족을 지키고 키워야 하는 시대입니다. 남에게 상냥한 것보다 가족을 아끼는 것이 더 중요합니다. 그래야 가정이 따뜻해지고 유대관계가 강해지지요. 부부가 같이 식사하러 나간 자리에서 점원이나 다른 동석자를 배려하고자, 자신의 배우자를 함부로 대하고 소홀히 여기는 사람이 있습니다. 아래의 예를 볼까요?

- 아내가 식사 자리에서 "이건 뭐에요?"라고 점원에게 묻자, "당신은 그것도 몰라? 창피하니까 가만히 있어" 하고 면박을 주는 남편.
- 사람들 앞에서 "당신은 분위기를 파악할 줄 모르니까 입 다물고 있어요" 하고 핀잔을 주는 아내.

과연 누가 더 창피하고, 누가 더 분위기 파악이 안 되는 걸까요? 아내가 점원에게 궁금한 점을 물었으면 다 같이 설명을 듣고 즐겁게 식사하면 됩니다. 언제 어느 상황에서나 부부는 서로의 든든한 아군이어야 합니다.

남을 먼저 배려하는 사람보다 공적인 자리에서 "사랑하는 아내 덕분입니다", "사랑하는 남편의 지지가 있었기에 가능했습니다"라고 서로 아끼는 모습을 드러내는 사람이 훨씬 더 멋있어 보입니다. 그리고 부부가 서로를 항상 위하면 가정이 단단해집니다. 이런 부모 밑에서 자란 아이는 결혼에 대해 긍정적이고 따뜻한 마음을 품습니다. 그리고 항상 가족을 지키려고 하는 강한 어른으로 자라지요.

MEMO _____

- 가정은 아이의 '결혼관'이 형성되는 곳이다.
- 집 밖에서도 가족을 소중히 여기자.
- 가족이 함께 있는 시간을 즐기자.

4장

'완벽한 부모'보다
'서로 보완하는 부모'가
아이를 똑똑하게 만든다

conjugal conversation to make a child intelligent

부모가 가장 먼저 길러주는
아이의 '자기긍정감'

있는 그대로의
나 자신을 사랑하는 힘

이 장에서는 아이를 키울 때 중요하게 생각해야 할 점들을 알아보겠습니다. 여러분은 부모의 역할이 무엇이라고 생각하세요? 몇 가지 예를 들어볼까요?

- 아이가 안전하게, 편하게 지낼 수 있는 환경을 만들어 준다.
- 아이에게 애정을 쏟는다.
- 아이가 규칙적으로 생활할 수 있게 지도한다.

세 가지 힘

사실 부모의 역할은 이밖에도 무수히 많지요. 그렇다면 부모는 왜 아이에게 이렇게 해야 하는 걸까요? 바로 '자기긍정감'을 길러주기 위해서입니다. 이것이 부모가 해야 할 가장 중요한 역할입니다.

나는 괜찮은 사람이야, 나는 이 세상에 필요한 사람이야, 나는 사랑받고 있어, 나는 나를 좋아해…. 이런 마음이 '자기긍정감'입니다. 내가 나답게 살아가려면 꼭 있어야 하는 마음이지요. '자기긍정'이라고 하면 매우 긍정적이고 자신감 넘치는 사람을 떠올리기 쉽지만, 그렇지 않습니다. 단점도 포함해서 있는 자기자신을 그대로 인정하는 것. 장점과 단점을 가감 없이 그대로 받아들여서 자신을 사랑하는 마음이 바로 '자기긍정감'입니다.

자기긍정감이 있으면, 아래 세 가지 힘을 발휘할 수 있습니다.

- 생소한 것에 도전하는 힘.
- 어려움을 이겨내려고 노력하는 힘.
- 상대방의 처지나 마음을 헤아리는 힘.

자립에 필요한 '자기긍정감'

이처럼 스스로 생각해서 삶을 개척하는 자립적인 사람으로 성장하게 되지요. 그런데 해외 선진국에 비해 일본의 어린이는 자기긍정감이 매우 낮습니다. 일본 어린이의 절반 이상이 "나는 자신감이 없다", "나는 별 볼일 없는 사람이다"라고 생각합니다. 너무 슬픈 일입니다. 자기긍정감이 낮으면 '나 따위가 무슨…' 하고 자기 생각을 주장하지 못합니다. 그리고 '저 사람이 하는 말이 옳을 거야' 하고 남의 언동에 쉽게 휘둘리고, '뭐야, 말한 대로 했는데 잘 안 되잖아?'라고 남탓으로 돌리는 등 괴로움이나 책임감에서 도망치려는 모습을 보입니다.

이런 사람은 자신의 삶을 제대로 살 수 없습니다. 스스로 자신을 인정하지 못하는 만큼, 오히려 더 자신을 드러내서 인정받으려고 허세를 부리지요. 자기긍정감이 낮으면 본인도 괴롭고, 주변 사람들도 힘들어집니다. 그러므로 부모는 아이의 자기긍정감을 반드시 길러주어야 합니다.

혼이 나야 움직이는 까닭은
아직 '그릇'이 크지 않기 때문

평소 부모의 말이,
아이 그릇을 결정한다

저는 강연에서 자기긍정감을 '그릇'이라고 표현합니다. 지식이나 정보, 사회규칙, 의사전달 능력…, 아이가 익히기를 바라는 이러한 점들이 '물'이라면 이를 담을 수 있는 '그릇'이 바로 자기긍정감입니다. 이왕이면 그릇이 크고, 깊고, 튼튼하면 좋겠지요.

안타깝게도 일본의 많은 부모는 그릇이 크기도 전에 물부터 마구 부으려고 합니다. 그것도 부모가 바라는 물만 골라서 넣으려고 하지요. 하지만 그릇이 아직 크지 않았기에 물은 항상 넘쳐버립니다. 그러면 부모는 또 들이붓고, 콸콸 넘치고, 또 들이붓습니다. 악순환에 지친 부모는 "넌 도대체 몇 번을 말해야 알아듣겠니?", "어째서 이것도 못하니?"라고 화를 냅니다.

그릇이 크기도 전에
물부터 부어주는 부모는 NO!

물은 부모가 넣어주는 것이 아닙니다. 본인이 스스로 찾아서 넣어야 비로소 자기 것이 되고, 그래야 힘을 발휘할 수 있습니다. 이 힘이 발휘될 때, 우리는 이를 두고 "스스로 생각해서 행동한다"라고 말합니다. 부모의 역할은 물을 부어주는 것이 아니라 그릇을 키워주는 것입니다.

그릇을 크게 만들 방법은 딱 하나입니다. 평소에 들려주는 부모의 말, 이것만 신경 쓰면 됩니다. 아이에게 말을 건넬 때 '우리 엄마 아빠는 있는 그대로의 나를 인정해주고 있어', '우리 엄마 아빠는 내 모습 그대로를 사랑해'라고 느낄 수 있게 해주세요. 그러면 아이는 자신을 괜찮은 사람으로 느끼며 자기긍정감을 키워 나갑니다.

'그릇'부터 키우고 '물' 붓기. 아이와 대화할 때는 이 순서가 중요합니다. 아이의 자기긍정감은 부모가 합심해서 노력해야 할 아주 중요한 과제입니다. 많은 물을 담을 수 있는 큰 그릇은 부모가 아이에게 줄 수 있는 최고의 선물입니다.

자기긍정감 Step 1
: 인정의 의미 깨닫기

판단이 아닌
인정하는 말부터

그렇다면 어떤 말을 해야 자기긍정감을 길러줄 수 있을까요? 1장에서도 언급했지만, "정리해!", "소리 지르지 마!", "고맙다고 해!" 이런 말들은 모두 탈락입니다.

　　지시하거나 금지하는 표현은 자기긍정감의 성장을 막는 대표적인 예입니다. 자기긍정감을 기르려면 '인정하는 말'을 건네야 합니다.

　　'인정하는 말'이란 바로 '부정하지 않는 말'입니다. '에이, 자기 아이를 부정하는 부모가 어디 있어?' 이런 생각이

드시지요? 그런데 많은 부모가 아이를 가르치려는 생각에서 자기도 모르게 부정하는 말부터 쏟아냅니다.

아이의 말과 행동을 인정하는 말부터

예를 들어보지요. 아이가 꽃그림에 색칠하면, "꽃을 봐. 그런 색이 아니라 분홍색이잖아"라고 말합니다. 아이가 공원에서 개미만 보고 있으면, "개미만 보지 말고 친구들이랑 놀아. 그게 더 재밌어"라고 말합니다. 여자아이가 남자아이들하고만 놀면, "넌 여자잖아. 여자아이들하고 놀아야지"라고 말합니다.

"그게 아니라, 이거야."

"그건 틀렸어."

"넌 왜 그렇게 해? 그렇게 하지 마."

많은 부모가 이렇게 말합니다. 그런데 이런 말을 자주 듣는 아이에게 자기긍정감은 자라지 않습니다.

우선은 인정하는 말부터 건네세요. 자신이 고른 색으로 꽃을 칠하는 아이에게, 개미만 보고 있는 아이에게, 남자아이들과만 노는 여자아이에게 우선은 그 사실을 인정하는 말부터 해주어야 합니다.

부모가 가르쳐서 말을 듣게 하는 것은 의미가 없습니다.
스스로 생각하고 행동할 수 있게 '그릇'을 키우는 데
중점을 두어야 합니다.

자기긍정감 Step 2
: '인정'과 '칭찬'의 차이점 알기

아이 안에 있는
긍정의 힘을 키우는 말

인정하는 말에 대해 조금 더 알아보겠습니다. '인정'과 '칭찬'은 같은 말일까요? 다르다면, 어떤 차이가 있을까요? 아이를 칭찬으로 키워야 한다거나, '칭찬'과 '훈육'의 비율이 '70퍼센트 대 30퍼센트'이어야 한다는 사람들이 있습니다.

그런데 칭찬도 조심해야 합니다. 왜냐하면, 부모의 '칭찬'에는 부모가 원하는 방향으로 아이를 유도하는 힘이 담겨 있어서 잘못하면 오히려 역효과가 나기 때문입니다.

이 책을 감수한 시오미 도시유키 선생님은 이런 재미있는 실험을 했습니다. 항상 아이를 혼내기만 하는 엄마가 있었습니다. 선생님은 이 엄마에게 "이제부터 한 시간 동안 절대로 나무라지 말고 아이와 놀아주세요"라고 부탁했습니다. 30분 정도 지나자 아이는 '왜 엄마가 화를 내지 않지?' 하고 의아해하는 모습을 보였습니다. 그리고 자신이 혼나지 않는다는 사실을 깨달은 아이는 이런 저런 방법을 궁리하며 아주 재미있게 놀기 시작했습니다. 실험 후에 이 엄마는, "우리 아이에게 이런 능력이 있는지 몰랐어요. 저는 자꾸 나무라기만 했는데, 아이의 능력을 짓밟는 일이었군요. 앞으로는 혼내지 않고 키워야겠어요"라며 눈물을 흘렸다고 합니다.

우리가 몰랐던 칭찬의 부작용

한편, 항상 칭찬하며 아이를 키우는 엄마에게도 선생님은 같은 부탁을 했습니다.

"한 시간 동안 절대로 칭찬하지 말고 아이와 놀아주세요."

그러자 마찬가지로 아이는 '왜 엄마가 아무런 칭찬을 해주지 않지?'라며 30분 정도 의아해했습니다. 엄마가 칭찬을 해주지 않는다는 걸 깨달은 아이는 어떤 행동을 보였을까요? 아이는 엄마가 예상하지 못한 새로운 놀이에 도전하며 신나게 놀기 시작했습니다. 실험 후에 이 엄마는 "이 아이에게 이런 능력이 있다니, 정말 놀랐어요! 칭찬이 좋은 줄만 알았는데, 사실은 제가 원하는 쪽으로 아이를 몰고 가고 있었나봐요"라고 역시나 눈물을 보였다고 합니다.

부모는 아이의 능력을 키워 주려고 칭찬하겠지만, 사실 아이로서는 '정말로 하고 싶은 것'이나 '본래 가지고 있는 능력'을 부정당하는 경우가 많습니다. 칭찬받고 싶어서 자신이 원하는 쪽을 놔두고 부모가 원하는 쪽을 선택하게 되니까요. 부모가 보기에는 못마땅하고 쓸데없는 일도, 아이에게는 자신의 놀라운 능력을 키울 좋은 계기가 될 수 있습니다.

부모는 아이 안에 있는 힘을 믿고 '있는 그대로 인정하는 말'을 들려주어야 합니다. '인정'이란 상대방의 처지에서 말을 건네는 것입니다.

아이를 있는 그대로 인정하면, 아이는 부모의 상상 이상으로 자신의 능력을 끄집어내어 사고하는 힘을 키워 나갑니다. 그리고 이 과정이 거듭될수록 아이의 '그릇'이 크고 깊어집니다.

자기긍정감 Step 3
: 부부부터 인정의 말하기

완벽한 부모상은
인정을 방해한다

"인정하는 말이 중요하다는데 어떻게 실천해야 할지 모르겠
어요."

이런 분이 많으시겠지요? 당연합니다. 우리는 부모에게서
인정받으며 자란 세대가 아니니까요.

"그렇게 하지 말고 이렇게 해"

"네 생각은 중요하지 않아"

"그렇게 하면 성공할 수 없어"

우리는 이런 부정의 말을 들으며 자랐습니다. 또 묵묵히

윗사람의 말을 따라야 '착한 아이'라는 소리를 들을 수 있었지요.

하지만 이제는 육아와 교육이 바뀌고 있습니다. 우리는 시키는 바를 잘해내는 아이가 아니라, 스스로 생각해서 행동하는 아이로 키워내야 합니다. 조금 낯설고 서툴러도 부부는 인정에 익숙해져야 합니다. 물론 어떤 말이 상대방을 인정하는 말인지 알쏭달쏭합니다. 익숙하지 않은 것을 처음부터 잘할 수는 없지요. 하지만 부부가 대화를 나누며 서로에게 인정하는 말을 들려주고, 그로 인해 어떤 느낌이 드는지를 실감하면 아이에게 어떤 말을 먼저 해주어야 할지 알게 될 겁니다.

'인정'을 방해하는 것들

우리는 나 자신을 인정하고, 나의 배우자를 인정하고, 나의 아이를 인정해야 합니다. 그런데 '내 안의 상식', 즉 'ㅇㅇ해야 한다'는 생각이 이를 방해합니다.

- 날마다 정성스럽게 가족의 음식을 만드는 엄마가 좋은

엄마.

• 자신의 감정에 휘둘리지 않는 아빠가 좋은 아빠.

여러분은 혹시 이러한 완벽한 어머니상, 혹은 아버지상에 얽매이고 있지는 않나요? 부모가 돼서 이것도 못한다며 자기 자신을 자책하고, 제대로 해내야 한다는 생각에 그만 심하게 짜증을 냈다가 후회하기도 하고….

많은 부모가 '○○해야 한다'는 생각 탓에 힘들어 합니다.

아이에 대해서도 그렇습니다. 성실하게 최선을 다하는 부모일수록 '아이는 모름지기 ○○해야 해'라는 생각 때문에 아이의 개성을 발견하지 못합니다.

어머니들이 저에게 이런 질문을 자주 합니다.

"저는 되도록 인정하는 말을 많이 하려고 해요. 그런데 아이가 숙제를 안 하면 그것도 인정해줘야 하나요?"

여러분이라면 어떤 말을 하시겠어요? 인정부터 하라고 했으니까 "숙제하지 않았구나, 잘했어"라고 해야 할까요? 어쩐지 이상하지요?

'숙제를 했느냐, 하지 않았느냐'라는 부모의 관점에서만 아이를 바라본 것이 잘못입니다. 제가 이 분들께 "아이가 숙제를 하지 않고 무엇을 했나요?"라고 물으면 대부분 "책만 보더라고요", "게임만 신나게 했어요"라며 어처구니없어 하십니다. 숙제를 했느냐 하지 않았느냐가 아니라, 바로 이 행동을 말로 표현해서 인정해주어야 합니다.

"책에 폭 빠져 있네?"

"게임이 정말 재미있나보다. 대단한 집중력인데?"

이렇게 아이를 잘 살펴서 아이의 처지에서 이야기를 하는 것이 '인정'입니다.

부모는 대개 아이가 숙제하지 않고 딴짓을 하면 일단은 말없이 그 행동을 하게 놔둡니다. 그리고 그걸 '인정'이라고 생각하지요. 하지만 그건 '묵인'입니다. 말로 꺼내서 들려주지 않으면 아이는 인정받았다고 생각하지 못합니다.

가족 모두가 열심히 살고 있음을 인정하자

어떤 분이 이런 질문을 하셨습니다.

"우리 아이는 아무것도 안 하고 멍하니 누워 있기만 하는데, 그것도 인정해줘야 할까요?"

여러분이라면 어떻게 하시겠어요?

부모 눈에는 멍하니 누워 있는 것만 같아도, 아이는 오늘

학교에서 이런 일이 있었으니까 내일은 이렇게 해야겠다고 열심히 머리를 굴리는 중인지도 모릅니다. 저라면 이렇게 말을 걸겠습니다.

"오늘도 학교수업 받느라 고생 많았어. 엄마도 오늘 열심히 일했는데, 같이 뒹굴뒹굴 하면서 좀 쉴까?"

한 번 부모의 입장에서 생각해보세요. 바깥일을 부지런히 처리하고, 서둘러 집에 돌아와 장을 보고, 세탁기를 돌리고, 저녁을 준비하고, 잠깐 숨을 돌리려고 앉았는데 남편이 퇴근하고 돌아와서 이런 말을 합니다.

"소파에서 빈둥거리지 말고 빨리 밥 줘. 피곤해."

여러분이라면 어떤 기분이 들까요? '내가 얼마나 힘들었는지 알아?' 하는 마음이 들며 남편에게 서운하지 않을까요? 이와 다르게 남편이 "당신 오늘 잘 보냈어? 피곤해 보이네. 나도 오늘 녹초가 되었는데 우리 잠깐 쉬었다가 같이 저녁 해먹을까?"라고 말한다면 어떨까요? 피곤이 가시면서 힘이 나지 않을까요?

아이도 똑같습니다. 아이의 상황이나 행동을 인정해주면, 아이도 엄마가 자기 마음을 알아주었다고 생각해서 없던 기운을 내어 숙제를 하려고 합니다.

다시 말하지만, 우리는 나 자신도, 나의 배우자도, 나의 아이도 인정해야 합니다. 묵인이나 방임이 아닌, 말로써 인정하고 있음을 전해야 합니다. 부부가 서로를 인정해주면 아이는 그 모습을 보면서 남을 인정할 줄 아는 사람으로 큽니다.

그리고 이는 '그릇'을 키우는 길로 이어지지요. 그릇이 충분히 커지면 '물'이 가득 들어갑니다. 그러면 아이는 누가 시키지 않아도 자신의 일을 알아서 처리합니다.

인정과 훈육의 비율이
70퍼센트 대 30퍼센트라고?

부모가 없는 곳에서도
아이는 자랍니다

인정의 중요성에 대해 이야기하면, "그렇게 아이의 모든 것을 인정해주면 응석받이가 되지 않을까요?"라며 걱정하는 부모들이 있습니다. 불안한 마음은 이해합니다. 저도 예전에는 그랬으니까요.

한 번은 제 딸이 이런 말을 했습니다. "엄마, 2층에서 스웨터 좀 갖다줘." 그래서 알았다며 스웨터를 가져다줬습니다. 스웨터를 받은 아이는 "고마워. 근데 미안하지만 양말도 가져다주라"라고 말하더군요. 그래서 이번에도 알았다며 양말을 가져다주었습니다.

그러자 아이가 이렇게 말했습니다. "역시 우리 엄마가 최고야. 항상 '그래, 알았어' 하고 말해주잖아. 다른 엄마 같으면 자기 일은 자기가 하라고 막 화를 냈을 텐데. 우리 엄마는 내가 뭘 하고 싶다고 해도 '그래~' 하고, 내가 뭘 관두고 싶다고 해도 '그래~' 하고. 아이 좋아."

딸아이는 제가 자신에게 해주는 행동을 당연하게 여기지 않았습니다. 어느 틈엔가 '다른 엄마들이 흔히 하는 행동'과 저의 행동이 어떻게 다른지를 자기 나름으로 파악하고 있었지요. 저는 이 일을 통해 아이들은 부모가 보지 못하는 곳에서 여러 사람과 관계를 맺고 다양한 체험을 하며 성장하고 있음을 깨달았습니다.

30퍼센트의 시간만이라도 아이를 인정해준다면

많은 부모가 '인정'과 '훈육'을 약 70퍼센트 대 30퍼센트의 비율로 적절히 섞어서 균형 있게 아이를 키워야겠다고 다짐합니다. 하지만 아이의 관점에서 보면 꼭 그렇게 흘러가지만은 않습니다. 아이의 시간이 100퍼센트라면, 부모와 함께 있는 시간은 하루 중 약 30퍼센트에 지나지 않을 겁니다. 남은 70퍼센트는 학교나 사회에서 다른 사람과 보내지요. 생각해보세요. 그 70퍼센트의 시간이 아이의 자기긍정감을 키우는 데 쓰일 수 있을까요?

아이의 하루를 상상해보세요. 새 학기를 맞이한 아이는 친구들과 떨어져 낯선 아이들과 한 반이 되었습니다. 학급임원을 뽑는 날, 아이는 용기를 내어 손을 들었지만 선출되지 못했습니다. 작년까지는 자기가 반에서 제일 그림을 잘 그리는 아이었는데, 새 반에서는 다른 친구가 더 많은 칭찬을 받았습니다. 집에 돌아오는 길에 친구들과 웃으며 걷고 있었는데, 어떤 사람이 길을 막고 다니지 말라며 불평을 했습니다.

아이는 이렇게 몸과 마음이 지쳐서 집에 돌아왔습니다. 위 상황을 보면 아이가 직접적으로 부정당한 일은 없습니다. 하지만 조금씩 상처받았고, 속상했고, 슬펐을 겁니다. 이런 상태로 집에 돌아온 아이는 무슨 생각을 할까요? 적어도 엄마 아빠만이라도 자신을 온전히 인정해주길 바라지 않을까요? 아이는 꾸중도 듣고, 좌절도 하고, 인정도 받고, 칭찬도 받고…, 그러면서 커나갑니다.

아이는 부모에게서만 자라는 것이 아니라 학교,

친구들, 지역사회 등 아이가 머무르는 모든 곳에서도 자랍니다. 부모와 보내는 30퍼센트의 시간만이라도 아이가 오롯이 인정을 받아야 하지 않을까요?

부모의 의견이
서로 달라도 괜찮을까?

아이의 성격과 상황을
고려해 말하기

2장에서 저는 부부의 의견이 달라도, 아이가 다양한 가치관을 받아들일 줄 아는 사람으로 자랄 수 있으니 괜찮다고 말했습니다.

자기긍정감도 마찬가지입니다. 부부의 의견이 서로 달라도 자기긍정감을 충분히 길러줄 수 있습니다.

얼마 전, 저는 아이에게 인라인스케이트를 권하는 한 젊은 부부를 보았습니다. 아이는 누가 보더라도 겁에 질린 모습이었습니다. 하지만 부부는 그런 아이의 손을 잡아끌고 "어서 해봐!"라며 어떻게든 인라인스케이트를 시킬 기세였습니다.

"시작하기 전부터 이렇게 겁을 먹으면 어떻게 해?"

시간이 흐르자 부부의 얼굴은 험악해졌습니다. 아이도 타지 않겠다고 고집을 부렸지요. 결국 부부는 "어휴, 겁만 많아가지고"라며 아이를 데리고 돌아갔습니다. 아이는 고개를 푹숙이고 있었지요.

만약 엄마와 아빠 중 어느 한쪽이 아이의 마음을 인정하고 받아주었다면 어땠을까요? 어쩌면 결과가 달라졌을지도 모릅니다. 아이의 장래도 달라지겠지요. 아이가 넘어져서 찰과상이 생기면 부부 중 어느 한쪽은 "아프겠다. 잠시 쉬자"라고 상처를 치료하려고 들 수도 있습니다. 다른 한쪽은 "별 거아니야. 그 정도는 금방 아물어. 그냥 가자" 하고 대수롭지 않게 넘길 수도 있습니다. 이런 경우에 아이는 한쪽으로는 위안을 받고 한쪽으로는 힘을 낼 겁니다. 부모의 의견이 서로다르면 아이는 그 모습을 모두 받아들여서 씩씩하게 성장합니다.

부모의 입장에서 예를 들어보지요. 일의 결과가 좋지 않은 경우, 원인 분석도 끝냈고 상사에게서 질책과 격려도 들었는데 어쩐지 아쉽고 분한 마음이 풀리지 않을 때가 있습니다. 이때 누군가가 "그래, 그럴 거야. 그럼, 이해하지"라며 고개를

끄덕이며 자신의 마음을 헤아려주면 답답한 마음이 녹으면서 다시 앞으로 나아갈 힘이 생깁니다. 아이가 용기를 냈으면, 하는 마음은 어느 부모나 같습니다. 방법이 다를 뿐이지요.

엄마와 아빠가 의견을 일치시켜서 한 팀을 이루는 것도 중요하지만, 그렇다고 자기긍정감을 해쳐서는 안 됩니다. 아이를 위해 어떤 조언을 하고자 한다면, 항상 아이의 성격이나 상황에 맞춰서 말을 골라야 합니다.

좋은 부모가 되기 위한
시간 활용법

배우자와 단점을 보완해가며
아이를 키우세요

"화 안 낼 테니까 말해봐."

아이에게 이렇게 말해놓고 막상 아이가 이야기를 꺼내면 불같이 화를 내는 부모가 많습니다.

"넌 아직 어리니까 실컷 놀아도 돼." 이렇게 말해놓고, "아이는 공부를 해야지! 놀기만 하면 어떻게 해?"라며 화를 내는 경우가 있습니다.

아마 여러분도 아이에게 이런 모습을 보인 적이 있을 겁니다. 어느 쪽이 여러분의 진짜 속마음일까요?

우리가 흔히 내보이는 이 모순에 관해 이야기할 때면, 이렇게 물어보는 부모들이 있습니다.

"아이에게 굉장히 화를 냈는데 내가 잘못했단 생각이 들더군요. 그래서 곧바로 '너무 화를 내서 미안해. 엄마가 실수했어'라고 말했어요. 이런 경우도 모순일까요?"

답을 드리자면, 분노도 반성도 모두 솔직한 마음이므로 사과를 했다면 큰 문제가 되지 않습니다. 물론 모순도 아니지요. 제가 말하는 모순은 속마음과 입에서 나온 말이 다른 경우입니다. 이럴 때 아이는 혼란스러워 합니다. 혼란스러운 아이는 올바른 판단을 하지 못하고 '나는 나쁜 아이야'라고 생각하지요.

어른들은 모순투성이인 사회에서 타협하며 생활할 수 있습니다. 하지만 아이는 부모가 하는 말이 이 세상의 전부여서 그 말을 따르려고 합니다. 엄마나 아빠는 절대로 틀리지 않는 훌륭한 존재라고 믿지요.

커가면서 다양한 가치관을 접하며 점차 모순을 이해한다고는 하지만, 부모의 모순된 말에 휘둘리고 고민하는 이이들이 의외로 많습니다. 특히 부모의 지배하에 놓인 아이들이 더욱 그렇습니다. 최근에는 폭언이나 눈물로 아이를 조정하려고 드는 '독친毒親'이 문제가 되고 있습니다. '독이 되는 부모'

라니. 아이를 지배하에 두고 조정하려는 것은 부모 자신이 자립하지 못했다는 증거이기도 합니다. 아이에게 의존함으로써 자신의 불안감을 없애려는 것이지요. 부모에게 통제받는 아이는 부모를 기쁘게 하거나, 화나게 하지 않는 것을 행동의 판단기준으로 삼습니다. 부모가 요구하는 삶을 사는 데 급급한 아이는 자신이 무엇을 좋아하고 무엇을 원하는지 알지 못한 채 성장하지요.

완벽해지려는 생각을 버리세요

어떤 사람은 자신이 직접 아이를 낳아 기르고 나서야 자신의 부모가 '독친'이었다는 사실을 깨닫습니다. 그 정도로 아이는 부모의 생각이 틀릴 수 있음을 의심하지 않고 자랍니다. 자신의 속마음이나 모순을 깨닫지 못하는 부모도 많습니다. 부모는 자신의 욕심을 아이의 인생에 투영시키지 말아야 합니다. 아이는 아이의 인생을, 부모는 부모의 인생을 살아야 하지요.

이를 위해 부모는 때때로 육아에서 벗어나 '자기 자신'을 되찾는, 자기만의 시간을 가져야 합니다. 아이의 인생을 짊어지려고 할수록, 세상에서 말하는 완벽한 부모가 되려고 할수록, 부모의 어깨에 힘이 들어갑니다. 너무 열심히 하려고 들면 자신의 솔직한 심정을 알아채지 못하고 아이에게 모순된 언동을 반복하게 됩니다.

부모는 자기만의 모순으로 아이를 혼란스럽게 하지 않도록, 완벽해지려고 노력하기보다 배우자와 단점을 보완해 가면서 가정을 키워야 합니다.

'엄마는 이렇게 말씀하셨는데 아빠는 이렇게 말씀하시네?'

'엄마는 이렇게 하는 걸 좋아하는데 아빠는 그렇지 않네?'

'사람들은 모두 자기만의 생각이 있구나.'

'꼭 어느 한쪽을 따라가야 하는 건 아니야.'

엄마와 아빠의 생각을 모두 들려주면 아이는 이렇게 어느 한쪽의 생각에 의존하기보다 자기만의 시야를 넓혀 스스로 생각하는 힘을 기르게 됩니다.

부부간 차이점을 활용해
'발상의 씨앗' 심는 법

목적없는 대화의
중요성

저는 의사전달 강좌를 열 때면 항상 대화에서 '목적'과 '화제'를 구분해야 한다고 이야기합니다. 목적과 화제가 뒤죽박죽 섞이면 눈앞의 '화제'에 얽매여 '목적'을 잃는 경우가 많기 때문이지요.

　예를 들어볼까요? 한 부부가 결혼기념일을 축하하려고 레스토랑에 갔습니다. 음식이 나오고, 그 음식을 만드는 방법에 대해 이야기를 나누던 부부는 서로 자기 말이 옳다고 주장하기 시작했습니다. 점원에게 알아본 결과, 한쪽의 말이 옳았습니다. 한 사람은 득의양양했고, 다른 한 사람은 어색한 표정을 지었지요. 자, 이때 음식을 만드는 방법이 '화제'입니다. 부부 중 한쪽은 이 화제에서 승리를 거두었습니다. 부부가 레스토랑에 간 이유는 결혼기념일을 축하하기 위해서였습니다. 이것이 '목적'이지요. 이 예에서 목적을 달성한 사람은 아무도 없습니다.

자신의 본래 마음이 흔들리지 않으려면 목적을 가지고 대화에 임해야 합니다. '목적'을 설정하고 이를 염두에 두는 것은 자신의 주장을 이해받거나, 상대방을 설득하거나, 혹은 문제를 해결할 때 특히 더 중요합니다. 아마도 이는 여성보다는 남성이 잘하는 분야일 겁니다. 단, 목적을 가지고 대화할 때는 신중해야 합니다. 부모가 아이에게 이야기할 때 목적을 잘못 설정하면, 부모가 알고 있는 지식을 일방적으로 늘어놓는 꼴이 되기 쉬우니까요.

지식의 창출이 중요한 시대에 필요한 대화법

앞으로 우리가 맞이할 시대는 '목적 없는 대화'가 매우 중요해질 거라고 확신합니다. '목적 없는 대화'란 상하관계에 얽매이지 않고 대등하게 나누는 대화를 말합니다. 이는 한쪽이 어느 한쪽에게 일방적으로 떠드는 대화와도 다릅니다.

누군가의 의도나 목적에 좌우되지 않는 대화에는 참신한 발상과 발견의 단초들이 담겨 있습니다. 이런 대화는 남성보다는 여성이 잘하는 분야일 겁니다.

오늘날 학교 교육은 전환기를 맞이했습니다. 선생님이 문제를 내고 정답을 알려주던 수업에서 학생들이 의견을 모아 과제를 설정하고 조사하는 수업으로 바뀌고 있지요. '지식의 전달'에서 '지식의 창출'로 바뀌고 있습니다.

기업도 마찬가지입니다. 카리스마를 지닌 사장이 단독으로 결정하고 사원들이 이를 따르는 기업보다, 사원들이 스스로 아이디어를 내어 사업을 기획하는 기업이 더 기세를 떨치고 있습니다.

그렇다면 가정도 바뀌어야 하지 않을까요? 이제는 부모가 아이에게 일방적으로 가르치는 것이 아니라, 아이의 발상과 행동을 존중하고 발전시켜 나가야 할 때입니다.

"아이가 그런 대단한 생각을 1년에 몇 번이나 한다고…. 번뜩이는 아이디어 기다리다가 세월 다 가겠네."

이런 말씀을 하시는 부모도 있을 겁니다. 하지만 '부모가 기대하는 참신한 발상'은 사실 참신한 발상이 아닐 때가 더 많습니다. 쟤가 도대체 왜 저러나 싶은 것들이 오히려 참신한 발상에 가깝습니다. 부모가 눈치 채지 못할 뿐입니다.

　　부모의 말을 잘 따르는 아이로 기르려고 애쓰지 마세요. 이제는 아이를 있는 그대로 인정함으로써 '참신한 발상의 씨앗'을 심어줄 때입니다.

남편이 바뀌어야
아이가 똑똑해진다

아빠는 가족 모두를
성장으로 이끄는 힘의 원천

전국을 다니며 어떻게 말하는 것이 좋은지에 대해 강의를 하다 보면, 이렇게 소감을 전하는 엄마들을 많이 만납니다.

"지금까지 저는 저희 아이만 유난히 키우기 어려운 아이인 줄 알았어요. 그런데 말을 거는 방법이 좋지 않아서 그랬던 거로군요. 이제는 육아가 재미있어질 것 같아요!"

어떤 분은 강의가 끝나고 바로 바뀌시기도 하지만, 어떤 분은 실천하기까지 상당한 시간을 필요로 하지요.

머리로는 알겠는데 실천하기가 어렵다…, 이런 아내를 바로 달라지게 할 수 있는 사람이 있습니다. 바로 '남편'입니다. 남편이 바뀌면 아내가 바뀝니다. 그리고 아이에게 건네는 말이 바뀌면 아이가 눈 깜짝할 사이에 바뀝니다. 남편이 일이나 육아, 혹은 집안일을 열심히 하는 것도 좋지만, 무엇보다도 중요한 것은 아내를 소중히 여기는 태도입니다.

언제나 부부사이부터 되돌아봐야 한다

남편이 아내를 소중히 여기면 아내가 순식간에 '근사한' 아내로 바뀝니다. 가족의 문제를 논하기에 앞서 언제나 부부사이부터 되돌아봐야 합니다. 부부가 있어야 가족이 있을 수 있습니다.

아내를 소중히 여긴다는 걸 어떻게 표현할 수 있을까요? "사랑해"라고 날마다 말해주는 방법도 좋지만, 사실은 같이 시간을 보내는 것이 더 좋습니다. 남편이 같이 있으면 아내와 아이에게는 기쁜 일이 많아집니다.

남편이 같이 있으면 아내는 이런 일들을 기대할 수 있습니다.

① 집안일을 같이할 수 있다.

② 오늘 하루 힘들었던 이야기를 나눌 수 있다.

③ 고맙다는 말을 들을 수 있다.

④ 주말 계획을 세울 수 있다.

아빠가 같이 있으면 아이는 이런 일들을 기대할 수 있습니다.

① 같이 놀아준다.

② 학교에서 있었던 일이나 고민을 들어준다.

③ 자신이 노력한 것을 알아준다.

④ 주말 계획을 세울 수 있다.

남편 자신에게는 이러한 장점이 있습니다.

① 가족이 자신을 믿고 따르게 된다.

② 가족 안에 자신의 자리와 역할이 생긴다.

③ 가정이 피곤을 풀 수 있는 따뜻한 곳으로 바뀐다.

④ 정년 이후에도 즐거운 생활을 보낼 수 있다.

그리고 이런 시간이 쌓이면 가족 모두가 가족으로서 성장해나가는 것을 실감할 수 있습니다. 가정이 행복하면 일에서

나 공부에서나 잘하고자 하는 의욕이 생깁니다. 남편이 바뀌면 가정이 바뀌고, 가정이 바뀌면 아이가 똑똑해집니다.

옮긴이
김현영

수원대학교 중국학과를 졸업하였다. 현재 번역 에이전시 엔터스코리아에서 출판기획 및 일본어 전문 번역가로 활동하고 있다.
주요 역서로는《편지로 읽는 세계사》《출근할 때마다 자신감이 쌓이는 한 줄 심리학》《머리 좋은 아이로 키우는 엄마의 정리습관》《잠시도 말이 끊기지 않게 하는 대화법》《내 꿈은 놀면서 사는 것》외 다수가 있다.

아이의 두뇌는
부부의 대화 속에서 자란다

초판 1쇄 발행 2020년 3월 23일
초판 3쇄 발행 2020년 6월 1일

지은이 아마노 히카리
펴낸이 정덕식, 김재현
펴낸곳 (주)센시오

출판등록 2009년 10월 14일 제300-2009-126호
주소 서울특별시 마포구 성암로 189, 1711호
전화 02-734-0981
팩스 02-333-0081
전자우편 sensio0981@gmail.com

책임편집 강미선   **편집** 이미순
경영지원 김미라   **홍보마케팅** 이종문, 한동우
디자인 섬세한 곰 www.bookdesign.xyz

ISBN 979-11-90356-32-9 03590